KB003068

알기 쉬운 전파기술 입문

전파과학사는 독자 여러분의 책에 관한 아이디어와 원고 투고를 기다리고 있습니다. 디아스포라는 전파과학사의 임프린트로 종교(기독교), 경제·경영서, 일반 문학 등 다양한 장르의 국내 저자와 해외 번역서를 준비하고 있습니다. 출간을 고민하고 계신 분들은 이메일 chonpa2@hanmail.net로 간단한 개요와 취지, 연락처 등을 적어 보내주세요.

알기 쉬운 전파기술 입문
전파기술에의 길잡이

–
초판 1쇄 1983년 06월 15일
개정 1쇄 2023년 02월 07일

–
지 은 이 도쿠마루 시노부
옮 긴 이 박정기 · 손영수
발 행 인 손영일
디 자 인 이보람

–
펴낸 곳 전파과학사
출판등록 1956. 7. 23 제 10-89호
주   소 서울시 서대문구 증가로18, 204호
전   화 02-333-8877(8855)
팩   스 02-334-8092
이 메 일 chonpa2@hanmail.net
공식 블로그 http://blog.naver.com/siencia

ISBN 978-89-7044-578-6 (03420)

• 이 책은 저작권법에 따라 보호받는 저작물이므로 무단전재와 무단복제를 금지하며, 이 책 내용의 전부 또는 일부를 이용하려면 반드시 저작권자와 전파과학사의 서면동의를 받아야 합니다.
• 파본은 구입처에서 교환해 드립니다.

전파기술에의 길잡이

알기 쉬운 전파기술 입문

도쿠마루 시노부 지음 | 박정기·손영수 옮김

전파과학사

머리말

    우리 생활은 무척 편리해졌다. 10년 전에는 생각조차 못 했던 일들이 요즘에 와서는 예삿일처럼 되었다. 전파라는 것, 이것이 현대사회에서는 어디에나 얼굴을 내밀고 있다. 라디오와 텔레비전 방송, 일반 통신, 우주 통신 그리고 교통관제와 항법, 나아가서는 레이더 등의 계측이나 탐사, 전자레인지 등의 가열장치, 심지어는 의료와 농업용 목적 등등, 얼핏 생각나는 것만 해도 헤아릴 수 없이 많다. 그래서 여러 가지 목적에 이용되고 있는 전파를 돌이켜보기로 했다. 현재에는 전파의 응용 분야가 확대되고 있다. 전파의 전체적인 상(像)을 파악해두는 것은 매우 소중한 일이라고 생각된다.

    전파란 도대체 무엇일까? '그것은 빛과 같은 전자기파다'라고 흔히들 말한다. 확실히 빛과 전파는 같은 물리의 기본방정식을 만족하고 있다. 그렇다고 해서 모두 똑같다고 판단하는 것은 속단이다. 빛과 전파는 단순히 주파수가 다를 뿐이라고 생각하고 있는 동안에는 전파에 대한, 정확한 기술적 이해를 얻지 못한다. 우리의 일상생활에서 빛과 관계되는 세계와 전파와 관계되는 세계는 적잖이 다른 것이다.

우리에게 왜 전파가 필요할까? 우리는 왜 전파를 사용할까? 전파는 우리 생활에 어떤 영향을 미치고 있을까? 그리고 전파란 도대체 무엇일까? 그와 같은 의문에 조금이나마 대답해 보려는 것이 이 책의 목적이다.

이 책을 통해 전파라는 것을 다각도로 이해하게 된다면 무척 다행한 일이라 생각한다. 끝으로 고단샤의 야나기다 씨에게는 많은 신세를 졌다. 여기에 감사의 뜻을 밝힌다.

도쿠마루 시노부

목차

1장

전파복사란 어떤 현상인가

여러분은 탑 꼭대기에 금속제 망루가 우뚝 솟아 있는 것을 보았을 것이다.
이 망루는 '전파복사기'이다. 게다가 이 탑에는 면 전체에 걸쳐 뾰쪽뾰쪽한
침이 무수히 튀어나와 있다. 이것들이 모두 소규모의 복사기인 것이다.

쥘 베른 『사하라사막의 비밀』(1919)에서

1. 전파란 무엇인가

: 전파는 왜 보이지 않는가

전파, 그것은 도대체 무엇일까? 이 물음에 대해서는 나름대로의 해답이 있다. 그것은 빛과 같은 전자파이다. 다른 점은 그것의 주파수가 다를 뿐이라고 했다. 사실 전파와 빛은 같은 무리이다. 우리는 빛을 볼 수 있다. 그러나 같은 전자파의 무리라고 하는데도 우리는 전파를 느낄 수가 없다. 왜? 그 이유는 전자파에 있는 것이 아니고 아무래도 우리 자신에게 있는 것 같다.

현재는 많은 분야에서 전파를 이용하고 있는 시대이다. 전파가 눈에 보인다고 한다면 이것 또한 큰일일 것이다. 일곱 빛깔의 네온이 아닌 전파의 홍수로 우리는 눈이 뱅뱅 돌아 현기증을 일으키고 마침내는 머리가 돌고 말 것이다. 그런데 우리는 왜 전파를 느끼지 못할까? 그 이유는 우리의 진화과정에 있는 것 같다. 진화론의 말을 빌리면, 우리 인류의 조상들은 기나긴 세월에 걸쳐 바닷속에서 생활해 왔기 때문이라고 말할 수 있다. 전파는 바닷물 속에서는 감쇠하기 쉽고, 먼 거리를 전파(傳播)할 수 없다. 한편 빛은 바닷물 속을 전파할 수 있다. 우리는 빛에 의해서 눈 앞에 펼쳐지는 바다의 신비를 관찰할 수 있다.

즉 우리가 빛을 느끼면서도 전파는 느끼지 못하는 것은 우리가 까마득한 그 옛날, 바닷속에서 생활하고 있었다는 증거이다. 바닷속 깊숙이 빛이 닿지 않는 곳에 있는 심해어의 눈은 퇴화해서 전혀 쓸모가 없다. 그와 마찬가지로 바닷속에 존재하지도 않는 전파를 느끼는 기관 따위를 이제 와서 생각하는 것은 도리어 우스운 일이다.

우리의 조상은 바닷속에서부터 뭍으로 올라왔다. 그런데 바닷속에서의 생활이 길었던 데다가 어지간히 살기 좋았던 것 같다. 우리의 눈은 아직도 바닷속에서는 찾아볼 수 없는 자외선에는 무척 약하다. 우리가 눈밭에서 선글라스를 끼지 않고는 못 배기는 이유도 여기에 있다.

이와 같은 사정으로 전파는 우리의 감각 밖의 세계에 있다. 그러므로 전파를 직관적으로 이해할 수 있다고 말하는 사람이 있다면 그야말로 애교 있는 허풍쟁이라고 해야 할 것이다.

그런데 액정(液晶)이라 불리는 한 무리의 물질이 있다. 이 물질에 전파가 부딪치면 그 전파의 강도에 따라 액정에 짙고 연한 색깔이 나타나고 그 상태를 눈으로 볼 수 있다. 이 전파의 필름이라고도 할 수 있는 액정은 그리 신기한 것은 아니다. 디지털 시계나 탁상 전자계산기의 문자 표시에 사용하고 있는 녹색이나 회색으로 싸늘하게 빛나는 바로 그것이라고 하면, 아! 그것 말인가 하고 금방 짐작이 갈 것이다.

만약 교재(敎材)에다 액정을 이용한다면 전파의 강약을 눈으로 관찰할 수 있기 때문에 전파현상(電波現像)을 한층 더 이해하기 쉬울 것이다.

:전파가 진공 속을 전파하지 않는다면

우리가 보거나 느끼거나 하는 파동은, 파동을 전달하는 '매질'이라 불리는 것의 위나 속을 전파(傳播)해 간다. 소리는 공기를, 수면의 물결은 물을, 그리고 지진은 지면이나 땅속을 전파한다. 그것들과 비교하면 기묘하게도 전파에는 그것을 전달하는 매질이 없다. 전파는 진공 속을 전파한다. 옛날에는 전파를 위한 에테르(ether, 그리스어로 대기를 말함)라는 매질을 가정했던 적이 있었다. 그러나 여러모로 조사한 결과 그러한 것은 존재하지 않았다.

왜 전파는 진공 속을 전파할까? 사실인즉 이 물음에 대해서는 전파란 그런 것이다라고 밖에는 더 대답할 수가 없다. 그렇다면 거꾸로 전파가 매질을 필요로 하게 되면 어떤 불편이 일어날까? 좀 길어지겠지만 필자의 사견(私見)을 말하겠다.

이 철학적으로도 보이는 문답을 생각해 볼 때, 우주 창조의 까마득한 태곳적으로 거슬러 올라갈 필요가 있다. 창세기(創世記)에 따르면, 천지창조의 첫째 날에 하나님의 "빛이 있어라"라는 말씀으로 빛이 생겼다. 천문학자의 말을 빌린다면, 우주의 창세는 아무것도 없는 공간에 우리의 인식을 초월하는 에너지가 한군데로 집중하는 것에서부터 시작되었다. 이윽고 거기서 '빅뱅'(big bang)이라 불리는 대폭발이 일어나, 빛과 물질이 창조되었다고 한다. 그리고 그때의 대폭발로 인해 생긴 여열(餘熱)이 우주공간에 아직 남아 있으며, 그 온도는 절대온도 3도라고 한다.

빛이나 전파는 이 세상에서 가장 빠른 속도로 전파한다. 여기서 빛이나 전파가 매질을 전파하는 파동이라고 하자. 그러면 대폭발 때 빛이나 전파가 전파하는 속도는 매질이 이동하는 속도보다는 당연히 느릴 터이고, 이 세상에서 최고의 속도는 될 수가 없다. 빛이나 전파는 이 세상에서 실현되고 있는 최고의 속도로 진공 속을 전파한다. 그렇기 때문에 그야말로 대폭발 때 아무것도 없는 공간을 솔선해서 전파할 수 있었던 것이다.

빛이나 전파가 진공 속을 전파한다는 사실은, 인간이 생각할 수 있는 차원을 초월한 신의 섭리라고 하겠다.

: 어떻게 진동해서 전파가 전파하는가

빛이나 전파에 파동의 성질이 있다는 사실은 우리의 일상적인 평범한 체험으로는 알 수 없다. 그것은 오랜 세월과 수많은 사람의 노력과 직관에 의해서 얻은 결과이다. 이 결론은 19세기가 되어서 이른바 맥스웰의 전자 방정식(電磁方程式)을 해석하고서부터 이론적으로 밝혀졌다.

그렇다면 전파란 어떤 파동일까? 가장 간단한 직선편파(直線偏波)라고 불리는 전파에 대해서 생각해 보기로 하자.

전파는 전기장[또는 전계(電界)라고도 함]이라 불리는 전기적인 파동과 자기장[또는 자계(磁界)라고도 함]이라 불리는 자기적인 파동으로써 이루어져 있다. 이 전기장과 자기장은 서로 독립해서는 존재할 수 없다. 만약 전파가 눈에 보인다면, 우리는 전파 진행 방향의 직교하는 면 안에서 전

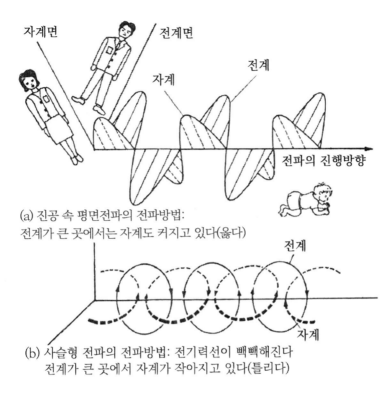

(a) 진공 속 평면전파의 전파방법:
전계가 큰 곳에서는 자계도 커지고 있다(옳다)

(b) 사슬형 전파의 전파방법: 전기력선이 빽빽해진다
전계가 큰 곳에서 자계가 작아지고 있다(틀리다)

〈그림 1-1〉 진공 속 직선편파 전파의 전파방법

기장과 자기장이 다른 방향에서 서로 직교해 협력하여 진동하며 전파하는 상태를 볼 수 있을 것이다.

예를 들어, 전파를 인류에다 비유하고 전기장을 남성, 자기장을 여성이라고 생각하자. 남성과 여성은 다르기는 하나 서로가 단독으로 독립해서는 생활할 수 없다. 서로가 협력하여 인류의 미래를 건설하고 있는 것이다.

전파가 어떻게 전파할까? 전기장은 자기장을 낳고, 자기장은 전기장을 낳는 이런 사이클을 반복하여 전기장과 자기장이 사슬 모양으로 얽히고설켜서 전파한다고 흔히 설명되고 있다. 그러나 이 설명은 곰곰이 생각해 보면 옳지 못하다. 정직하게 말하면 '전기장과 자기장'이 다음의 '전기장과 자기장'을 발생시켜 가면서 전파한다고 하는 편이 옳은 설명이다. 지금 인류의 집합체로부터 다음 세대의 인류가 탄생하여 인류의 생존을 이어나가는 것이다. 남성으로부터 여성이 태어나고, 그 여성으로부터 남성이 태어나서 인류의 생존이 계속되는 것은 아니다.

이 과학적인 현대에 무슨 전기장을 남성이니, 자기장을 여성이니 하는 투의 표현을 하느냐고 큰소리로 외치는 사람이 있을지 모른다. 그러나 맥스웰의 방정식과 그 전자장의 표시방법을 알고 있는 분들께서는 다시 한번 고쳐 생각해 주었으면 싶다.

맥스웰의 방정식은 div로 표시되는 '발산현상(發散現象)'과 curl로 표시되는 '회전현상(回轉現象)'으로 통일적으로 표현한다. 그리고 전계는 발산현상의 성질을 나타내고, 자계는 비발산, 회전형의 성질을 나타낸다. 이것은 예측했던 대로 남성의 수컷으로서의 발산과 여성의 암컷으로서의 회전현상에 합치되는 것이 아니겠는가. 또 전파에너지의 진행 방향은 전계와 자계의 크로스 프로덕트(cross product)로 나타내지는데 인류의 에너지가 진행하는 방향도 남성과 여성의 크로스 프로덕트가 아니겠는가.

사담은 접어두고 다시 한번 전파가 전파(傳播)해 가는 모습을 생각해 보자. 여기서 말한 전파에서는 전계가 진동하는 상태가 전파의 전파 방향에서 볼 때, 직선 모양으로 되어 있다. 그 때문에 이런 종류의 전파를 직선편파(直線偏波)라 부른다. 그리고 이 직선편파는 이용하는 입장에서 생각하면 더욱 세분되어 있다. 전계가 대지에 대해서 수직으로 진동하는 것이 수직편파이고, 대지에 대해서 평행으로 진동하는 것은 수평편파라 부른다.

이들 전파는 전파의 전파특성(傳播特性)으로부터 분간하여 사용되고 있다. 중파의 라디오방송에서는 수직편파를, 초단파의 텔레비전 방송에서는 일반적으로 수평편파를 사용하고 있다.

: 전파 스펙트럼

우리 주위에는 많은 빛깔이 있다. 그 때문에 얼마나 마음이 윤택해지는지 헤아릴 수 없다. 빛깔 중에서도 비가 갠 직후의 무지개만큼 밝고 신비로우며 멋있게 느껴지는 것도 없을 것이다.

그런데 하늘에 일곱 빛깔로 빛나는 무지개 현상은, 오늘날에는 그리 대수롭지 않은 프리즘에 의한 태양광선의 분해인 것이다. 이 결론을 얻기 위해서는 아리스토텔레스부터 뉴턴에서 끝나는 천재들의 오랜 세월에 걸친 노력과 직감을 필요로 했다. 무지개가 일곱 가지 색깔이라는 개념은 뉴턴 이후에 생긴 개념이다. 이 과학적인 노력을 통감했던 색채론자(色彩論者) 괴테는 파우스트로 하여금 이렇게 말하게 한다.

KHz=10³Hz, MHz=10³KHz, GHz=10³MHz, THz=10³GHz

주파수	300Hz	3KHz	30KHz	300KHz	3MHz	30MHz	300MHz	3GHz	30GHz	300GHz	3THz
파장	1000km	100km	10km	1km	100m	10m	1m	10cm	1cm	1mm	0.1mm
명칭	극초장파	초장파	장파	중파	단파	초단파	극초단파	마이크로파	밀리미터파	서브밀리파	
약칭	ELF	VLF	LF	MF	HF	VHF	UHF	SHF	EHF		
방송				○	○	○	○	△			
이동통신		△	○		○	○	○	○			
아마추어					○	○	○	○			
천문·우주					△		○	○	○		
항법		○	○	○			○	○	△		
레이더					○		○	○	△		

△표는 일부를 이용하는 것을 가리킴

〈표 1-2〉 전파 스펙트럼과 그 이용법

태양은 나의 뒤에 머물러 있어라. 바위 틈새로 세차게 분출하는 폭포를 바라보고 있노라면…… 그러나 이 어지러이 흩날리는 물방울 속으로부터 일곱 색깔로 떠올라 있는 고요한 무지개의 아름다움…… 무지개야말로 인간의 노력을 반영해 주는 거울이다…… 인생은 채색된 영상(映像)으로서 파악할 수 있다.

괴테『파우스트』(1831년)에서

일곱 빛깔의 네온을 둘러싼 인간들의 상태도 파우스트에게 말하게 하면 멋진 문장이 된다.

백색의 태양광선은 프리즘을 통과하면 빨강, 주황, 노랑…의 일곱 빛깔로 나뉘어진다. 이 색깔의 차이는 사실 저마다의 색깔이 지니는 빛의 파장과 관계되고 있었다. 이와 같이 빛을 각각의 파장과 주파수로 분해하여 그 분포를 생각하는 것을 광(光)스펙트럼이라 한다.

그런데 전파에서도 빛과 마찬가지의 삼각기둥 모양의 프리즘이 있다. 빛의 경우에는 유리로 만들어져 있으나, 전파의 경우에는 테플론(teflon)이나 수지(樹脂)로 만들어진다.

지금 전파의 파장과 비교하여 충분히 큰 전파 프리즘에 하늘을 나는 전파를 쬐이면 빨강, 주황, 노랑…이 아닌 장파, 중파, 단파 따위의 전파가 저마다 다른 각도의 방향으로 프리즘에서 튀어나간다. 이것이 실은 전파스펙트럼이라 불리는 것이다.

이들 스펙트럼으로 분해된 전파는 저마다 각양각색의 성질을 지니고 있다. 이 성질의 파악에 더하여 우리는 전파의 효율적인 이용법을 생각하고 있는 것이다. 마치 무대를 핑크색의 광선으로 비추거나 파리한 광선으로 비추거나 해서 색깔을 가려 쓰듯이 전파의 주파수를 가려 쓰고 있는 것이다.

2. 전파복사의 뜻

: 어떤 때 전파가 복사되는가

부처나 그리스도가 그려진 그림을 보자. 그 머리둘레는 밝게 빛나며 무엇인가를 복사(輻射)하고 있다. 복사는 활동상태를 나타내는 현상이다. 전파가 발생하는 것을 특별히 복사[輻射, 또는 방사(放射)라고도 함]라고도 부른다. 눈에 보이지 않는 전파를 말하는 것이다. 특별하게 복사라는 말을 사용하고 있으나 이상하게 생각할 것은 없다. 그 뜻은 발생이라는 말과 같다. 그릇 속에 고여 있는 물이나 한결같이 일정한 속도로 흐르고 있는 물의 표면에는 파동이 없다. 지금 그 표면에 돌멩이를 던지거나 해서 어떤 충격을 주면 파동이 발생한다. 여성이 매력을 풍기고 있을 뿐이라면 아무 탈도 생기지 않지만, 그런 여성이 윙크라도 한 번 던진다면 사방에 풍파가 일어난다.

눈에는 보이지 않으나 전기의 바탕이 되는 전자(電子)나 전하(電荷)가 정지해 있거나 한결같이 움직이고 있을 뿐이라면 아마도 전파는 발생하지 않을 것이다. 사실이 그렇다. 전파를 발생시키는 데는 무엇인가 특별한 방법이 필요한 듯 보인다. 그렇다면 복사란 어떤 현상일까?

전파의 복사는 전자나 전하, 전류 등의 전기량(電氣量)이 어떤 원인으로 변화할 때 일어난다. 구체적으로는 전류나 전하가 가속도운동을 했을 때 전파가 발생한다. 이를테면 진공 속을 고속으로 날고 있는 전자가 전극에 충돌하여 급격히 감속하면 거기서부터 전자파의 일종인 X선이 복사된다.

자기장 속을 전자가 일정한 속도로 나선운동을 하고 있을 때, 전자가 회전운동을 하여 이른바 구심력이라는 가속도를 받아 전파를 복사하고 있다. 이 원리로 발생하고 있는 전파가 사실은 우주의 라디오별이라 불리는 곳에서부터 보내지고 있는 전파인 것이다. 또 도선으로 연결한 두 개의 도체에 저장되는 전하를 번갈아 가며 고주파로 가속 진동시키면 우리가 일상 이용하고 있는 전파가 발생한다.

전류라고 하면 보통은 도선 위를 전도하는 것이라고 생각하기 쉽다. 그런데 사실은 우리의 공간을 전류와 같은 성질의 것이 전파할 수 있다. 이 전류의 일시적인 모습인 변위전류(變位電流)라고 불리는 것이 사실은 전파인 것이다.

만약에 우리가 전파를 볼 수 있다고 가정해 보자. 그렇게 되면 방송국의 안테나 탑 위를 개미같이 보이는 전자가 밀려왔다 밀려가는 물결처럼 오르내리는 것을 볼 수 있을 것이다. 그리고 전자의 일부가 전파로 변환하여 공간으로 복사되는 상태를 볼 수 있을 것이다. 이것은 마치 개미가 번쩍이는 날개미로 변신하여 안테나의 철탑 주위를 날아다니고 있는 상태에다 견줄 수 있을지도 모른다.

: 안테나

안테나는 외계의 신호를 수신하거나 이쪽 신호를 외계로 송신하거나 하는 장치이다. 그런 데서부터 정보가 빠른 사람을 가리켜, 저 사람은 사방에다 안테나를 쳐두고 있다고 말하기도 한다.

텔레비전의 송신안테나 가까이 전파가 강한 곳에서는 좋은 질의 화상(畵像)을 바라지 않는다면 굳이 안테나를 장치하지 않더라도 볼 수 있다. 수신기 속으로 전파가 강하게 들어가서, 속에 있는 도선이 안테나를 대신하기 때문이다. 그리고 안테나를 장치하면 인기 스타들의 표정이 한층 뚜렷해진다. 한편 송신안테나로부터 멀리 떨어진 전파가 약한 곳에서는, 안테나가 없으면 마치 눈이 내리고 있는 듯한 화면밖에는 보이지 않는다. 안심하고 텔레비전을 보려면 역시 안테나가 필요하다.

안테나는 전파를 효과적으로 송수신하는 장치, 정확하게 말하면 고주파전류의 진동을 효과적으로 전파로 변환하는 장치이다. 우리가 흔히 볼 수 있는 전기제품들은 스위치를 넣으면 어떻게든 간에 전파를 복사하지 않는 것이 없다. 그러나 효과적으로 전파를 복사하는 것은 안테나뿐이다.

눈에 띄는 것을 닥치는 대로 두들겨 보자. 대부분의 것은 두들기면 소리가 난다. 그러나 좋은 음질의 것은 한정되어 있다. 이를테면 풍경이나 절간에 있는 큰 징, 즉 동라(銅鑼) 등의 특정 형상과 크기가 일정한 것밖에는 좋은 음색이 나지 않는다.

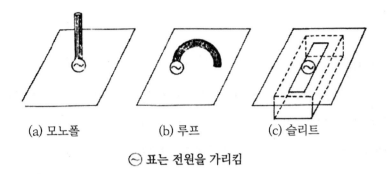

(a) 모노폴　　　　(b) 루프　　　　(c) 슬리트

⊝ 표는 전원을 가리킴

〈그림 1-3〉 가장 기본적인 세 종류의 안테나

안테나는 금속선이나 금속 파이프, 금속 판자를 꾸며 맞춰 만들어진다. 그 크기는 얼핏 보기에는 아무래도 좋은 것처럼 보이나 결코 그렇지 않다. 안테나에서는 공진현상의 이용으로 대기 속에 있는 수많은 전파 중에서 필요한 전파만을 끌어내고 있다. 안테나의 크기는 수신하려는 전파에 공진하도록 정확하게 결정하지 않으면 안 된다. 조금이라도 좋은 특성을 얻으려고 한다면 그 크기를 엄밀하게 지켜야 한다. 이를테면 이상화한 중파방송용 안테나에서는 그 길이가 1/4 파장이 아니면 안 된다. 또 복잡한 형상의 안테나에 대해서는 문제가 더 복잡해진다. 텔레비전 안테나에 눈이 쌓이거나 까마귀 등이 앉거나 하여 텔레비전의 화상이 흐트러지는 수가 있을 정도이다.

안테나는 보통 사람의 눈에 띄는 곳에 설치된다. 그래서 안테나에는 희망하는 특성이 충족될 뿐만 아니라 디자인, 즉 미적(美的) 감각이 요구된다. 유럽에 나돌고 있는 안테나가 동양에서 환영을 받지 못하는 이유도 바로 거기에 있다. 안테나의 설계는 기술이 아니라 미술에서부터라고 말하더라도 지나친 말이 아니다.

그렇다고 해서 안테나의 설계가 어렵다는 것은 아니다. 두들겨 봐서 맑은 소리가 울려 나오는 것을 안테나의 형태로 개조하면, 특성이 좋은 안테나가 얻어진다고 생각하면 대충 맞을 것이다. 소리는 음압(音壓)이라고 하여 압력변동이 전파하는 파동이다. 공기의 압력 진동을 기계 진동이나 전기 진동으로 바꾸는 것이 스피커나 마이크로폰이라 불리는 것들이다.

전파에는 전계와 자계가 있다. 전계를 수신하든, 자계를 수신하든 간에 동일한 전파라면 동일한 정보를 끌어낼 수 있다. 그러므로 전파의 안테나에는 크게 나누어 원리적으로 다른 두 종류의 안테나가 있다. 다이폴안테나(dipole antenna)로 대표되는 전계를 수신하는 형식과 루프안테나(loop antenna)나 슬리트안테나(slit antenna)로 대표되는 자계를 수신하는 형식이다.

전계형 안테나와 자계형 안테나로는 그것의 형상이 달라진다. 그것도 그럴 것이 남성과 여성에게 있어서는 같은 정보라고 할지라도 말하는 방식이나 받아들이는 방식에 각각 차이가 있다. '폴'이라는 이름이 붙는 남성형 안테나와 '슬리트'라고 불리는 여성형 안테나에 명백한 형상 차이가 없다면 이건 큰일이다.

전계 수신용 안테나로는 자계를 수신할 수가 없다. 또 그 반대도 성립

한다. 남성에게는 흥미진진한 음담패설이 여성의 귀에는 무슨 실없는 소리냐는 태도와도 어딘가 비슷한 느낌이 들기도 한다.

현대는 전파의 이용 시대다. 우리 주위에는 각종 안테나가 있다. 막대 모양의 안테나에 국한해 보더라도, 택시에 장치한 무선전화나 중파 라디오 안테나처럼 수직으로 장치한 것, 텔레비전 수신용 안테나처럼 수평으로 장치된 것 등 여러 가지가 있다. 이 안테나의 설치방법은 이용하고 있는 전파의 편파특성(偏波特性)과 관계되고 있다. 세로로 된 것은 수직편파를 수신하고, 가로로 된 것은 수평편파를 수신하고 있다. 이런 사실을 염두에 두고 다시 한번 근처에 있는 안테나를 살펴보자. 그것들은 어느 전파를 수신대상으로 하고 있을까?

다이폴형이나 루프형 안테나는 장·중파에서부터 극초단파의 주파수에 이용되고, 슬리트형 안테나는 극초단파나 센티미터파의 주파수에 이용되고 있다.

2장

전파는 어떻게 전파하는가

구름이 흘러가는 모양, 신기루의 빛,

안개의 색조가 가리키는 것을 깨닫지 못하는 사람은

결코 총명한 사람 축에는 끼일 수 없노라.

『아라비안나이트』에서

1. 기하학으로부터 알 수 있는 전파의 전파방법

: 전파는 전파한다

'전해진다'는 것은 도대체 어떤 현상일까. 공간적으로 생각한다면 이동하며 확산한다는 것이고, 시간적으로 본다면 살아남아 있다는 것을 말한다. 전파는 파동현상이다. 이 세상에서 실현되는 최고의 속도로써 전파한다. 우주 끝에서 날아와 현재 지상에서 수신되고 있는 빛이나 전파는 지금으로부터 수억 년 전에 그 출발점에서 출발한 것이라고 한다. 그 빛이나 전파를 발사한 근원이 현재 어떤 상태에 있는가를 우리로서는 알 길이 없다. 또 굳이 알아야 할 필요도 없다.

입 밖으로 한번 흘러나간 소문은 사람의 입을 통해 차례차례로 번져나간다. 안테나로부터 일단 공중으로 복사된 전파도 다시는 안테나로 되돌아오지 않고 계속 날아간다. 그리고 안테나로부터 전파의 복사가 멎은 뒤에도 그때까지 복사된 전파는 계속 그대로 날아가는 것이다.

그런데 공간으로 나가 계속 날아가는 이 빛이나 전파는 제멋대로 무질서하게 전파하는 것이 아니다. 거기에는 엄연한 법칙이 있다.

: 전파의 직진성

"세월이 화살같이 흘러간다"라는 말은 참으로 잘 표현한 말이다. 이러한 동양 사상에는 시간과 더불어 이동해 가는 파동으로서 빛의 모습이 멋지게 포착되고 있다.

빛은 직진한다. 이 사실은 기하학에서 직선의 의미가 밝혀지고부터 이해하게 되었다. 그리스 시대에 빛은 직선적으로 날아가는 화살에 흔히 비유되었다. 문학자도 빛은 화살과 같다고 즐겨 표현했다. 그들에게는 빛이 닿는 곳이 이 세상의 세계이다. 그리고 일 년 내내 구름이나 안개에 두껍게 덮여 있고 활활 타오르는 태양의 빛이 가닿지 않는 곳이 곧 저승이었다.

빛은 눈에 보이는 화살이다. 전파는 눈에 보이지 않지만, 이 보이지 않는 화살이 날아가는 상태를 머릿속에 그려낼 수는 있을 것 같다. 보이지 않는 화살이라고 하면 큐피트의 사랑의 화살밖에는 생각하지 않았을 여러분도, 이런 기회에 전파의 화살을 한번 생각해 보기 바란다. 직진한다는 성질은 관점을 달리하면, A점에서부터 B점까지를 최단 시간에 이동하는 것이라고 말할 수 있다. 이 성질은 전파에만 한하지 않는다. 파동 전반의 공통적인 성질이다.

: 전파의 반사성

우리는 날마다 거울을 들여다보며 생활한다. 고대 사람들에게는 청동을 연마하여 만든 거울보다는 아마도 수면에 비치는 영상이 훨씬 더 충실

한 모습을 보여 주었으리라고 생각된다. 이 영상이라는 허상(虛像)으로부터 빛의 반사현상을 인식하게 되었다.

이 빛의 반사현상도 역시 그리스의 기하학으로써 설명할 수 있다. 물체에 빛이 충돌할 때 입사하는 빛의 각도와 반사하는 빛의 각도가 같은 것이다. 또한 오른손을 들면 거울 속에서는 왼손을 든다는 사실도 로마 시대에는 이미 이해되고 있었고, 두 개의 거울로 얻어지는 여러 가지 현상에 대해서도 알게 되었다.

전파도 금속판이나 해면(海面)에 부딪히면 반사한다. 전파가 만드는 영상은 눈에 보이는 것이 아니고, 머리로 보는 것일지도 모른다.

빛을 반사하는 전형적인 것은 거울이나 잘 닦여진 금속판으로 대충 정해져 있다. 전파의 경우 빛에 있어서의 거울에 대응하는 것은 무엇일까. 그것은 전기가 잘 통하는 평면의 금속판, 이를테면 알루미늄판이다. 그리고 극단적일 때는 전파의 거울은 금속선으로 만들어진 아주 코가 작고 가는 그물이라도 된다.

빛도 전파도 같은 전자파이며, 같은 반사 법칙을 따른다. 그러나 그것들의 파장에는 큰 차이가 있다. 그래서 빛의 경우에는 유리면처럼 판판하지 않으면 안 된다. 전파의 경우에 파장은 빛과 비교하면 더 길기 때문에, 약간은 거울 면이 들쭉날쭉하더라도 충분히 좋은 거울이 될 수 있다. 이렇게 생각하면 그물 같은 것이라도 거울의 구실을 할 수 있다는 것을 상상할 수 있을 것이다.

〈그림 2-1〉 지름 100m의 포물경을 갖춘 세계 최대의 가동형 전파망원경(독일)

: 호모로가스 포물경

태양광선은 볼록 곡면에서 반사할 때 확산하고 오목 곡면에서 반사할
때는 수속(收束)된다. 이런 것들의 관찰로부터 불의 초점이라는 개념이 발
견되었다.

그리스의 기하학에서 타원, 포물선, 쌍곡선을 연구한 2차 곡면론(二次曲面論)은 곡면과 초점 관계를 남김없이 설명하고 있다.

이 그리스의 기하학의 수준이 얼마나 높은 것이었는가를 가리키는 이야기로 시라주사의 아르키메데스의 포물 오목면 거울에 관한 얘기가 전해지고 있다.

카르타고의 군대가 해상으로부터 시라쿠사를 침공했을 때, 시라쿠사의 시민들은 커다란 오목면 거울로 태양광선을 집광하여 적의 군함을 불살랐다고 한다. 이 얘기는 아르키메데스의 위대함과 함선에 대한 횃불 공격의 이야기가 하나로 합쳐져서 생긴 이야기일 것이라고 한다. 그러나 흥미로운 사실은 18세기에 출판된 프랑스의 『백과전서(百科全書)』에는 "전설이라 말하고 있지만 사실이었다"라고 쓰여 있다.

오목면 거울에 의해 빛은 초점이라는 한 점으로 모아지는데, 그렇다면 전파의 경우는 어떻게 될까.

오목면 반사경에서 발사된 전파는 수속되어 모아지지만 빛에서 말하는 초점처럼 한 점에는 모아지지 않는다. 전파에너지가 집합하는 곳은 점이 아니고 공간이 된다. 전파는 파동이다. 그래서 파동에너지의 불확정성(不確定性) 원리로부터 에너지의 수속이라는 것을 생각하는 한에는, 반파장 이하의 길이나 크기를 생각한다는 것은 물리적인 의미가 없어진다. 전파에서 생각하는 초점이란 빛에서 생각했던 초점을 중심으로 전파에너지의 밀도가 집중해 있는 곳이라고 생각하면 된다.

그런데 현재 제작되고 있는 전파용 오목면 거울은 주로 알루미늄판을 휘어서 만들고 있다. 그리고 그 곡면을 하얗게 칠한다. 태양열에 의해 곡면이 열팽창을 일으켜 변형되지 않도록 극력 억제하기 위해서이다.

현대의 기술로 만들어진 전파의 오목면 반사경은 얼마만 한 크기의 것이 제작되고 있을까. 포물 오목면 거울의 대표적인 것은, 지름이 100m나 되는 것으로 독일의 전파망원경에 장치되어 있다. 엄청나게 큰 회전대 위에서 하늘을 노려보며 방향을 바꿀 수 있는 이 총중량 3,000톤이나 되는 대형 전파망원경은 너무도 거대하여 보는 이로 하여금 위압감과 놀라움을 느끼게 한다.

그런데 중세 때의 공룡(恐龍)들은 자기 자신의 체중을 주체하지 못하고

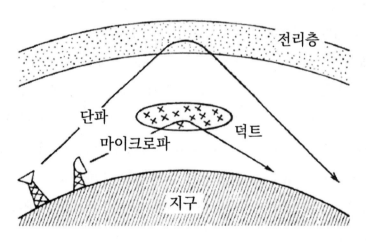

〈그림 2-2〉 전파의 전반사현상
전리층을 관통하는 마이크로파는 대류권의 덕트에서 전반사한다

끝내 멸망하고 말았다. 이 대형 반사망원경도 하늘을 향해 주사(走査)할 때 자체의 무게를 견뎌내지 못하고 반사경이 휘어지거나 변형하는 일은 없을까. 또 희망하는 포물 오목면 거울의 곡면을 유지하지 못하는 것은 아닐까 하는 걱정이 생긴다.

그러나 거기에는 현대의 고도로 발달된 기술이 있다. 이 대형 반사경을 뒤에서 철골로 떠받쳐 주고 있다. 그리고 어느 방향으로 반사경이 회전하더라도 중력에 의한 반사경의 일그러짐이 전체적으로는 상쇄되어 버리게 만들어져 있다. 이 대형 반사경을 떠받쳐 주는 새로운 구조는 특별히 호모로가스(homolo gas) 구조라고 불린다.

호모로가스 구조는 어느 방향을 향하더라도 그 형상이 허물어지지 않는다. 여성의 브래지어도 호모로가스 구조로 만든다면 좋을지도 모른다.

: 전리층전파, 덕트전파

상자 모양을 한 어항을 통해 저쪽 편을 바라보자. 정면에서 보면 어항을 통해서 저쪽 편을 내다볼 수 있다. 그런데 비스듬한 방향에서 어항을 보면, 어항의 저쪽 편이 전혀 보이지 않고, 헤엄치는 금붕어밖에는 보이지 않을 때가 있다. 보이지 않을 때는 어항 저쪽편 면에 마치 거울이 놓여 있듯이, 빛이 거기서 반사하고 있다. 이와 같은 빛의 반사현상을 전반사(全反射)라고 부른다. 어항 속의 금붕어는 전반사현상을 관찰하면서 헤엄치고 있다. 어떤 느낌으로 헤엄치고 있을까.

우리도 바닷속으로 잠수를 하면 이 금붕어와 같은 관찰을 할 수 있다.

공상과학 소설가 쥘 베른은 그의 소설 『해저 2만리』에서 해저 산책의 상황을 이렇게 묘사하고 있다.

> 모래 평원이 때로는 해면 밑 2m쯤인 곳까지 솟구쳐 오르는 일이 드물지 않았다. 그러자 우리들의 그림자가 반대로 위쪽에 선명하게 반사되어, 우리 일행과 똑같은 한 무리가 나타났으며 손을 들면 손을 들고, 발을 들면 발을 드는 모양으로, 즉 그 그림자는 머리를 아래로 발을 위로 하여 우리와는 거꾸로 거닐고 있다는 것 말고는 우리와 똑같았다.

전반사는 굴절률이 큰 곳에서부터 작은 곳으로 빛이 전파할 때 일어나는 현상이다.

전반사현상은 전파에서도 일어나고 있다. 지구 상층에 있는 대기는 태양으로부터의 자외선이나 X선을 받아 층으로 된 상태로 전리(電離)되어 이온화되고 있다. 이 부분이 우리가 전리층이라 부르고 있는 곳이다. 이 전리층에서는 장파, 중파, 단파가 전반사를 일으킨다는 사실이 알려져 있다. 지상으로부터 하늘을 향해 날아간 전파는 전리층에서 전반사되어 다시 지상으로 튕겨져 온다. 이와 같은 전파의 전파방식을 전리층전파(電離層傳播)라고 한다. 단파가 해외통신에 이용된 것은 이 전리층 덕분이다.

전리층의 굴절률은 주파수에 따라서 다르기 때문에 파장이 긴 전파에서밖에는 전반사를 일으키지 않는다. 파장이 짧은 초단파나 마이크로파 전파는 전리층에서 전반사를 일으키지 않고 그대로 빠져나가 버린다.

그러나 특수한 기상상태일 때는 파장이 짧은 전파가 반사되는 때가 있다. 초여름에 난데없이 갑작스레 발생하는 스포라딕 E층(sporadic E-layer)이라 불리는 전리층은 초단파의 전파를 전반사해 버린다. 또 파장이 짧은 전파는 대기 속에서는 전반사현상을 일으키는 경우도 있다. 대기 속 수증기의 양이나 기온에 역전층(逆轉層)이 있을 때는 그 부분에 굴절률의 변화가 생겨 전반사가 일어나는 것이다. 이와 같은 덕트(duct)라 불리는 상태는 특별한 기상상태일 때밖에는 일어나지 않는데, 신기루가 빛이 아닌 전파로 일어나고 있는 것과 같은 상태라고 말할 수 있다.

: 전파의 굴절성

빛은 다른 물질에 침입하여 투과할 때, 본래의 방향과는 약간 다른 방향으로 진행한다. 이 현상을 빛의 굴절이라 한다. 우리와 같이 목욕이나 물맞이 밥을 즐기는 민족에게는 이 굴절현상이란 일상적인 현상으로 잘 알려져 있다.

전파도 빛과 마찬가지로 굴절현상을 일으키고 있다. 공중으로부터 대지나 바닷속으로 침입하여 전파할 때는 전파의 진행 방향이 휘어진다.

2. 음파와 물의 파동으로 알 수 있는 전파의 성질

: 전파의 간섭성

여름철의 '발'은 하나의 풍물시(風物詩)이다. 바람에 흔들리는 발의 겹쳐지는 부분에서는 밀려왔다 밀려가는 갖가지 줄무늬를 볼 수 있다.

이번에는 '발'이 아닌 아주 커다란 모기향을 두 개 매달고, 그 연기가 겹쳐지는 상태를 머릿속에 그려보자. '발' 때와는 또 색다른 줄무늬를 볼 수 있을 것이다.

사실은 이 줄무늬가 간섭(干涉)이라 불리는 현상이다. 간섭이란 둘 이상의 것이 서로 영향을 끼쳐 그 결과로 어떤 두드러진 현상이 일어나는 것을 말한다.

전파로 간섭을 생각해 보기 전에 먼저 수면에서 일어나는 물결의 간섭을 생각해 보자. 지금 돌멩이 두 개를 동시에 수면에 던져 넣으면, 그것이 각각 떨어진 곳에서부터 두 개의 동심원 모양의 물결이 번져간다. 이때 이들 파동이 겹쳐지는 곳을 잘 살펴보자. 한쪽 물결의 마루(산마루)와 다른 쪽 물결의 골이 겹쳐지는 곳에서는 양쪽이 서로 상쇄하여 수면은 운동을

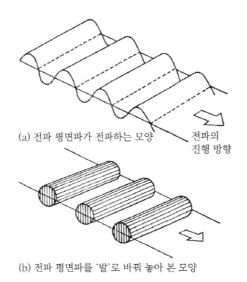

(a) 전파 평면파가 전파하는 모양

전파의
진행 방향

(b) 전파 평면파를 '발'로 바꿔 놓아 본 모양

〈그림 2-3〉 전파 평면파와 '발'의 대응

일으키지 않는다. 그러나 마루와 마루가 겹쳐지는 곳에서는 한층 더 마루가 높게 강조되고 있다. 이와 같이 두 개의 파동이 겹쳐져서 일정한 곳에서는 서로 약화되고, 다른 곳에서는 서로 강화되는 현상을 파동의 간섭이라 부르고 있다.

둘 이상의 전파가 존재하는 곳에서는 역시 간섭현상이 일어나고 있다. 이 상태를 빛의 '발' 모양을 이용하여 생각해 보자.

지금 공간을 전파하는 전파를, 시간을 정지시켜 놓고 관찰한다고 하

자. 전파 파동의 마루 부분과 골 부분이 번갈아 가며 늘어선 것을 볼 수 있을 것이다. 여기서 전파가 센 곳을 '발'의 투시 부분이라 하고, 전파가 약한 곳을 '발'의 막대가 있는 부분에다 대응시켜 생각한다면 '발'의 막대와 직교하는 방향으로 전파하는 전파의 상태가 머릿속에 떠오를 것이다.

다른 방향으로 진행하는 두 전파가 겹쳐진 상태를 두 개의 '발'이 겹쳐지는 상태에서 생각해 보자. 두 평면상태로 전파하는 파동의 간섭에서는 '발'이 겹쳐져서 나타내는 밝고 어두운 무늬에 따라서 전파의 강약이 만들어지고 있다. 또 두 개의 모기향에서부터는 구면 상태로 번져나가는 파동이 겹쳐져서 간섭하는 상태를 이해할 수 있다. 이러한 '발'이 겹쳐져서 나타내는 무늬를 모아레(moiré) 도형이라 부른다.

중파나 단파의 라디오를 듣고 있노라면, 저녁부터 밤 사이에 걸쳐 소리가 커졌다 작아졌다 하는 현상을 알아챌 것이다. 이 페이딩(fading)이라 불리는 현상은, 사실은 전리층의 이동에 의해 여러 방향으로부터 오는 전파가 서로 간섭하고 있기 때문이다. 지표(地表)를 전파하는 전파의 '발'과 전리층으로부터 반사되어 위쪽으로부터 오는 전파의 '발'이 겹쳐져서 된 줄무늬 같은 것이 시간을 따라 이동하고 있기 때문이다. 우연히 수신기가 '발'이 겹쳐진 밝은 곳에 다다르면 강하게 들리고, 어두운 곳에 오면 약하게 들리듯이 느껴지는 것이다.

이런 현상과 비슷한 일은, 해면 위의 물결에서도 일어나고 있다. 해안에 몰려오는 파도를 보고 있노라면 어느 때는 큰 물결, 어느 때는 작은 물결이 13~15회마다 반복하여 밀려오는 것을 알게 된다.

이 현상은 주파수가 다른 파동의 간섭현상으로, 비트(beat)라 불린다. 해면에서는 14Hz와 17Hz로 진동하는 두 개의 파동이 존재하고, 이 두 파동이 겹쳐져서 파동의 강약이 13~15회마다 만들어지고 있다.

: 홀로그램

간섭현상을 한 걸음 더 밀고 나가 간섭상태를 정보(情報)의 기록으로 이용할 수가 있다. 빛이나 전파를 물체, 이를테면 인기가수에다 쬐어 그 것이 반사되고 산란(散亂)된 빛이나 전파의 '발'과, 기준으로 삼는 빛이나 전파의 '발'을 간섭시켜 겹쳐진 '발' 무늬를 기록해 보기로 하자. 안테나에서 멀리 떨어져 나감에 따라 평면파가 형성되어가는 모양을 알 수 있다.

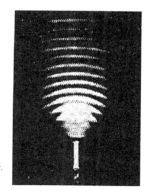

안테나에서 멀리 떨어져
나감에 따라 평면파가 형성
되어 가는 모양을 알 수 있다.

〈그림 2-4〉 안테나로부터 복사된 전파의 홀로그램

거기에는 얼핏 보아서는 뭐가 뭔지 모를 복잡한 줄무늬가 생겨 있는데, 사실은 그 속에 그 인기가수의 정보가 축적되어 있다. 이 기록을 홀로그램(hologram)이라 부른다. 그리고 이 홀로그램으로부터 거꾸로 인기가수의 모습을 입체적인 상(像)으로 끌어내 재생할 수가 있다. 이 입체영상 재생기술을 홀로그래피(holography)라 부른다. 2차원적인 평면상은 사진이나 텔레비전의 화면에서 이미 친숙하지만 3차원적인 입체상은 전혀 새로운 정보 표시방법이다. 홀로그램을 전파로 보내면, 가정에서도 입체텔레비전을 볼 수가 있다. 홀로그램은 디스플레이(display) 기술이나 예술 분야에서 앞으로 여러모로 이용될 것이다.

홀로그래피에 떠오른 여성을 연모한 나머지, 홀로그램 속으로 잠적하여 이 세상에는 다시 돌아오지 못하게 된다는 등의 이야기는 성립되지 않을까. 거울에 비친 여성을 쫓아가서 거울 속으로 들어가 버렸다는 얘기와는 또 색다른 맛이 있는 SF(science fiction)가 될지도 모를 일이다.

: 전파의 회절성

그림자놀이는 어린 시절을 회상하게 한다. 창문이나 벽에 손으로 동물의 형상을 비추는 그림자놀이나 사람이나 동물의 형상을 종이로 만들어 둥근 통에 붙이고, 그 통이 빛을 받아 그림자를 비추며 뱅글뱅글 돌게 하는 놀이 등등…… 빛으로 보는 한, 거기에는 명암의 경계가 뚜렷하다. 그러나 만약 전파로써 그림자를 만든다면 어떻게 될까. 전파의 회절현상(回折現象)에 의해, 클레오파트라가 자랑하던 코도, 하찮은 우리 코도 마찬가

44

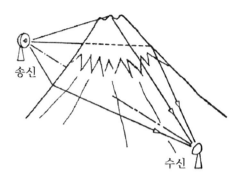

송신

수신

〈그림 2-5〉 산악회절통신
: 산악에 가려진 곳에서도 수많은 방향으로부터 회절해 온
전파가 서로 강하게 합세하는 곳에서는 통신이 가능하다

지로 흐릿하게 비쳐서 다 같은 코로 보일 것이다. 클레오파트라가 달을 쳐다보고 한탄하리라. 전파는 왜 나의 어여쁜 코를 올바로 비추지 않을까 하고…….

회절현상이란 가시거리를 넘어서서 물체의 뒷면으로 파동이 돌아드는 현상을 말한다. 이 현상은 파동의 파장이 길수록 두드러지게 나타난다. 그래서 빛에서는 거의 볼 수 없는 회절현상이 전파에서는 뚜렷이 나타난다. 교차로에서 자동차 사고를 일으킨 사람이 탄식하고 있었다. 인간은 빛이 아닌 전파를 왜 볼 수 없느냐고…….

전파가 보인다면 그 회절효과로 건물의 뒤쪽까지 투시할 수 있기 때문에 사고는 일어나지 않을 텐데 하고 말이다.

회절현상은 굳이 전파에만 국한되는 것이 아니고 소리나 해면의 물결 등, 모든 파동에 공통된 현상이다. 서로 모습은 볼 수 없어도 병풍을 사이에 두고 대화가 가능한 것도 이 현상 덕분이다.

: 산악회절통신

고층 빌딩이 늘어선 곳에서는 빌딩바람이라는 현상이 있다. 빌딩 뒤로 들어서면 바람이 약해질 것이다. 그러나 빌딩의 건조방법, 배치방식에 따라서는 빌딩의 뒤쪽인데도 엄청난 돌풍이 불어서 사람들을 불편하게 하는 경우가 있다.

초단파나 마이크로파 전파가 산악 따위의 장애물에 부딪쳤을 경우를 생각해 보자. 그 가시선을 경계로 하여 보이지 않는 영역으로 들어가면 전파의 강도는 회절효과로 인해 약해진다. 그래서 가시선을 넘어선 곳과의 통신은 불가능한 것이라고 오랫동안 생각되어 왔었다. 그러나 산악의 형상에 따라서는 가시선을 넘어선 곳과도 생각했던 것만큼 전파의 감쇠가 일어나지 않는 경우가 있다. 이와 같이 산악의 형상을 이용하여 가시선을 극복하는 통신방법을 산악회절통신이라 한다.

1977년 8월, 일본의 북해도(北海道)에 있는 아리타마(有珠)산이 큰 분화를 일으켰다. 그런 뒤에 땅이 슬슬 솟아오르기 시작하여 산 모양이 바뀌어버린 사실을 나는 잘 기억하고 있다.

그런데 북해도의 도오야 온천에서 보는 텔레비전은 무로란 시내로부터 아리타마산을 산악회절한 전파를 수신에 이용하고 있었다. 아리타마산의 융기와 더불어 전파의 회절현상이 시시각각으로 변화하여 텔레비전이 보였다 안 보였다 했다. 방송국 관계자들에게는 중대한 사태였다. 또 이때 작은 분화가 일어나면 갑자기 텔레비전의 영상이 순간적으로 좋아지기도 했다. 자연현상과 전파가 전파하는 방식에도 꽤 복잡한 관계가 있는 것 같았다.

이 산악회절전파(山岳回折傳播)를 이용하여 아마추어 무선 그룹들은 도쿄로부터 후지산에다 전파를 부딪치게 하여 그 회절전파로써 나고야 지방과 교신하거나 후지산의 중복으로부터 시코쿠 산맥의 회절전파(回折電波)를 이용하여 큐슈의 니치난(日南) 지방과도 교신하고 있다.

3. 산란하는 전파, 흡수되는 전파

: 전파의 산란성

빛의 산란은 프랑스의 인상파 화가들이 즐겨 그리던 화제(畵題)였다. 푸른 나무들 아래에서 연인들을 태운 보트가 보일락말락 일구는 파문에 번쩍이는 산란광(散亂光)은 연인들의 흥을 한층 돋우는 조역들이다. 전파나 빛은 아무것도 없는 공간에서는 기하학을 쫓아 직진하지만 한번 무엇에 부딪히면 사방으로 흩어진다. 이것이 산란이라 불리는 현상이다.

지상으로 내리쬐는 태양광선은 대기 속에 떠도는 미립자(微粒子)에 의해 산란을 받는다. 이때 산란은 미립자의 크기에 비교하여 그 파장이 길수록 일어나기 힘들다. 그래서 파란색 빛이 빨강색 빛보다 파장이 짧기 때문에 산란을 일으키기 쉬운 것이다. 우리는 낮에는 산란광을 보고 파란하늘을, 그리고 저녁에는 산란한 나머지의 투과광선을 보고 붉게 물드는 저녁노을을 보게 되는 것이다.

그러므로 우주비행사들은 파란 지구를 볼 수는 있어도, 저녁노을을 향해 뭔가 불러대고 싶은 심정은 결코 체험할 수가 없다.

이 투과광선의 빨강을 정통으로 관찰한 시인이 그 유명한 단테이다. 그의 『신곡』의 한 구절을 인용하자.

보라. 아침이 다가오는 망망한 바다 위 서쪽 나지막한 곳에 짙은 안개 속으로부터 화성(火星)이 진홍색으로 번쩍이듯이……

인간의 운명을 심각하게 느꼈던 단테도 붉은 화성이 안개의 산란을 받아 진홍색으로 번쩍이는 상태를 알아챘다는 것은 과학자라고도 할 수 있으리라. 그런데 산란은 물체의 표면에서도 일어난다. 유리를 통해 저쪽 편을 볼 수는 있으나, 젖빛유리를 통해서는 저쪽 편을 바라볼 수가 없다. 유리를 통과해 온 빛이 불투명한 젖빛 면에서 산란을 일으켜, 빛살이 무질서한 방향으로 흩어지기 때문에 상(像)을 볼 수가 없는 것이다.

그러나 불투명한 면에 물방울이 묻으면 저쪽 편이 흐릿하게나마 내다보이게 된다. 지금은 튼튼한 벽이 칸막이가 되어 가려졌지만, 옛날 한때는 목욕탕의 칸막이를 불투명한 유리로만 가린 적이 있었다. 아마 나이든 사람에게는 남탕에서 여탕이 흐릿하게 보였던 경험이 있을 것이다. 물에 젖었기 때문에 그 불투명한 면에 물이 덮여서 면이 편편해진 것이다. 그러나 유리의 굴절률과 물의 굴절률이 약간 다르기 때문에 산란효과가 조금은 남게 되어 흐릿하게밖에는 보이지 않는 것이다.

한 걸음 더 나아가서 유리의 굴절률과 물의 굴절률이 같아지는 녹색빛으로만 본다면, 여탕이 뚜렷이 보일 것이다. 녹색밖에 감광하지 않는 필름을 개발한다면? 여러분도 연구해 볼 생각은 없는지.

: 산란통신

목욕탕에서는 저쪽 편을 내다보려 해도 수증기가 꽉 차서 잘 보이지 않는다. 빛이 수증기로 인해 산란을 받고 있기 때문이다. 산란현상은 일반적으로 통신을 열화(劣化)하게 하는 것으로 알려져 있다.

일본의 야마구치현에는 인도양 위의 정지 위성과 통신을 하고 있는 우주통신의 지구국(地球局)이 있다. 이 지방은 비가 많은 곳이다. 비가 내리고 있을 때 우주통신의 마이크로전파는 빗방울로 하여 산란을 받게 되고 그 수신 강도가 약해진다. 우량이라는 점에서 말한다면 이곳은 우주통신국으로는 부적격하다고 말할 수 있다. 그러나 최적격지가 아닌 곳에서도 우주통신을 충분히 유지하고 있다는 것은 그만한 기술력이 있다는 것이다. 바꿔 말한다면 기술 수준을 높이 인정할 수 있다는 말이 된다.

그런데 전파의 산란은 우리에게 나쁜 영향만을 주는 것은 아니다. 반대로 이 산란전파를 이용하여 통신까지도 할 수 있다.

태양이 수평선에 가라앉아 버렸다고 해서 근처가 갑자기 어두워지는 것은 아니다. 상층의 대기에 떠도는 미립자의 산란을 받은 빛이 지상에 와닿고 있다. 그리고 그 빛으로 우리는 책도 읽을 수 있다.

파장이 짧은 10㎒~10GHz 정도의 강력한 전파를 하늘로 향해 발사하고, 대류권(對流圈)의 상층부에서 흔들리고 있는 대기로 그 전파를 산란하게 하면 어떻게 될까. 둥그런 지구를 넘어 가시선을 훨씬 넘어선 곳과도

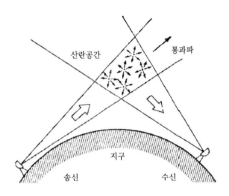

〈그림 2-6〉 대류권 산란통신
: 대전력 전파를 산란 공간으로 조사할 때 개개의 산란량은 적더라도
강력한 전파가 되어 통신이 가능하다

통신이 가능하다. 이 산란을 이용한 통신에서는 1000㎞나 떨어진 곳과도 교신이 가능하다. 통상적으로 가시선 내에 송수신국을 설치하는 마이크로파 통신에서는 30~40㎞마다 중계국을 설치해야만 한다. 가시선 밖으로의 산란통신의 규모가 얼마나 큰 것인가를 짐작할 수 있을 것이다. 또 전리층의 요동을 이용하는 산란통신도 있다. 이것을 위해서는 20~60㎒의 전파가 이용된다.

: 전파의 최후

한번 발생한 전파는 직진, 반사, 굴절, 회절을 하고, 산란하거나 해서 공간을 전파하는데 그 빛은 어떻게 되는 것일까.

쌍안경으로 들여다본 세계의 소리가 귀에 들리지 않는 것과 같이, 전파도 전파하는 데 따라서 확산하고 감쇠되어 간다. 그리고 그것은 마치 물의 흐름이 모래땅에 흡수되어 버리듯이 전파는 지상의 여러 물체와 대기에 흡수되어 다른 에너지, 이를테면 열에너지로 바뀌게 된다. 전파로서의 역할은 이 시점에서 끝난다.

3장

전파통신은 만능인가

캄파니아 "빙산은 찾았는가? 짙은 안개는 만나지 않았는가? 오버."

라카니아 "아니, 빙산도 보이지 않았고 안개도 없었다.

현재까지는 아주 좋은 기상이다. 귀선의 현재 위치는 어딘가? 오버."

한코크『해상무선』에서

1. 기대가 큰 승용물과의 통신

: 유선통신과 무선통신

그날, 그 시각에 어김없이 연락이 취해졌더라면 아마 이렇게는 되지 않았을 텐데……. 우리는 짧지 않은 한평생 동안 이렇게 아쉽게 회상하는 일이 한두 가지가 아니다.

통신의 최종적인 모습은 시간과 장소를 초월하여 누구와도 하고 싶을 때 얘기를 나눌 수 있고, 정보를 교환할 수 있는 체제여야만 한다고 말할 수 있다. 그와 같은 체제가 완성되면 다른 사람이 끝까지 자기를 추적해 올 것이다. 그렇게 되면 자기만의 오붓한 시간이란 전혀 가져볼 수가 없지 않느냐고 걱정하는 사람도 있을 것 같다.

현재 외국의 주요 도시에서 실용화되어 있는 포켓벨(pocket bell)조차도 편리하다기보다는 도리어 번거롭다고 생각하는 사람도 있다. 그러나 그것은 사용자의 입장에서 말하는 문제이다. 기술자는 예나 지금이나 어쨌든 간에 통신이 가능한 체제가 만들어져야만 한다고 요구하고 있다.

전파통신의 목적은 뭐니 뭐니 해도 이동체, 즉 자동차, 기차, 선박, 항공기, 심지어는 인공위성에 이르기까지의 통신 목표이다. 일조 유사시에 정부의 고관들과 연락조차 취할 수 없는 그런 통신 시스템이라면 그 나라는 결코 현대 국가라고 말할 수 없다. 또 재해 때의 긴급통신이나 비상통신도 잊어서는 안 된다. 홍수로 통신이 딱 두절되고 연락이 불가능한 사태가 된다면 얼마나 답답하고 불안할까.

전파통신방식이 완성되었을 때, 청년 마르코니는 이탈리아 정부에 그가 만든 무선장치를 팔러 갔었다. 그때 당국자들은 육상에서의 통신은 무선이 아닌 유선 전화·전신으로도 충분하다고 완곡히 거절하면서 도리어 선박통신을 생각해 보는 것이 어떻겠느냐고 하며 영국으로 건너가 보라고 권고했다.

태풍, 홍수, 지진 등과 같은 긴급사태에서 유선전화는 쓸모가 없다. 현대는 정부가 아닌 지방 자치 단체가 전용 무선전화를 도입하기에 급급한 시대이다. 일반에게 개방되어 있는 전화 등의 일반 통신회선에서는 사고로 인한 통신두절이 아니더라도 긴급한 때는 일반의 통신 이용이 증가하기 마련이다. 일반이 이용하는 통신에 끼어들어 자치단체가 필요로 하는 통신 연락을 취한다는 것은 도저히 생각조차 할 수 없는 일이다.

그렇지만 무엇이건 죄다 무선으로만 해결하려는 것도 생각할 문제이다. 죄다 무선으로만 이용하게 된다면 이번에는 상호 간의 전파가 간섭하여 혼선을 일으키거나 중요한 통신내용을 전파로 도청당하거나 하는 사태가 일어나지 않는다고 단언할 수는 없다.

현재는 불필요한 무선통신을 유선통신으로 전환하고 있는 시기이기

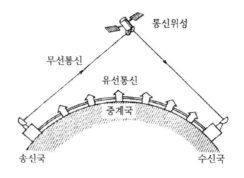

	종별	경비	정보량	긴급시	방해
무선	이동용	소액	적다	강하다	약하다
유선	고정용	고액	많다	약하다	강하다

〈그림 3-1〉 무선통신과 유선통신
: 각각 일장일단이 있다

도 하다. 최근의 광섬유(fiber optics) 통신의 눈부신 발전은 유선통신에 새
로운 희망을 던져주었다.

인간의 수송이라는 문제를 두고 생각해 보자. 항공기와 철도는 이 문
제에 있어서 늘 경쟁해 왔다. 정보의 전송량이라는 목적에서 생각한다면
이 관계는 마치 소용량을 전송하는 무선통신과 대용량을 전송하는 유선
통신의 관계에 대응시켜 생각할 수 있다. 철도는 선로를 부설하는 데 막
대한 돈이 들기는 하나 대량의 것을 한꺼번에 수송할 수 있다. 한편 항공
기는 발·착용 비행장의 건설만 하면 되고, 비용도 철도를 건설하는 것만

큼은 들지 않지만 그 대신 소량밖에는 수송하지 못한다.

광섬유 통신은 이를테면 고정 지점 간을 위한 철도의 초고속 열차라고 하겠다. 무선통신과 유선통신 사이에는 조화가 필요하다. 한쪽에만 의존한다는 것에는 문제가 있다.

: 자동차 통신

최근에는 통신용 안테나를 장치한 자동차가 많아졌다. 자동차 통신에는 단파, 초단파, 극초단파의 수직편파의 전파가 이용되고 있다. 이 자동차 통신은 경찰무선, 소방무선을 비롯하여 철도, 도로, 가스, 수도, 전기 등의 공공 사업단체의 연락용이 주목적이다. 민간용으로는 택시 무선이 보편화되고 있다. 1979년 가을부터 일본에서는 자동차에서 "여보세요" 하고 통화가 가능한 자동차 전화가 800㎒의 극초단파를 이용하여 시작되었다.

자동차 전화에도 문제가 없는 것은 아니다. 빌딩이 난립해 있는 도심부에서의 극초단파의 전파(傳播) 방식에 대해서는 아직도 잘 알지 못하고 있다. 기술적으로 말하면 여러 가지 자질구레한 미해결 문제가 있다고는 하겠으나, 어쨌든 들리는 곳에서 사용하면 되는 것이다. 바쁜 사람은 고속도로 위를 달려가면서도 연락을 취할 것이다. 그런가 하면 전화의 특성을 개선하려고 노력하는 사람들은 고가도로 밑을 달려갈 것이다. 이 고가도로 밑은 극초단파의 전파특성(傳播特性)이 복잡한 곳이어서 제9장에서 설명할 반사파 장애가 일어나기 쉬운 곳이라고 한다.

그런데 〈발지 대작전〉이라고 제2차 세계대전을 주제로 한 영화가 있었다. 연합군에 쫓긴 나치스 독일이 독일 국경 가까이에서 마지막이자 가장 큰 한판인 전차전을 전개한다. 그리고 이 영화의 주인공이 탄 전차도 나치스의 전차의 포격을 받아 직격탄으로 포탑이 날아가 버린다. 관객들은 주인공이 당하고 말았구나 하고 생각하는데, 다음 장면에서 전차 속에서 멀쩡한 주인공이 나타난다. 그리고는 전차에 장치된 무선으로 포탑이 박살나고 뚜껑까지 날아가 버렸다는 연락을 취한다. 그러나 조금만 눈여겨보면 이 전차의 안테나는 바로 그 포탑에 장치되어 있었을 텐데 어떻게 연락이 취해졌을까. 더 이상을 말하면 너무 멋쩍은 얘기가 된다.

2. 낡고도 새로운 지중·수중통신

: 지중통신

전파는 공중에서는 잘 전파하지만 땅속에서는 쉽게 감쇠되어 버린다. 그래서 지중통신(地中通信)은 일반적으로는 고려할 수 없는 것이었다. 공중을 전파하는 전파는 대지로 침입하면 전류로 그 모습을 바꿔 버린다. 전류가 흐르면 전열기가 가열되는 원리와 마찬가지로, 그 전파에너지의 대부분은 대지를 가열하는 데 사용되고 만다. 그렇기는 하지만 지중통신의 착상은 제1차 세계대전 이전부터 육군의 관계자들 사이에서 논의되고 있었다. 안테나를 땅속에 묻고 이것을 위장하여 적의 눈에 띄지 않게 하려는 생각이었다.

당시는 장파의 전성시대였다. 장파통신용 대형 안테나를 공중에 가설하기보다는 땅속에 묻는 것이 훨씬 경제적이고 싸게 먹혔다. 그러나 대지 속 전파의 감쇠가 심하고, 또 당시에는 수신기의 감도가 충분하지 못했기에 지중통신이나 안테나를 매설하는 이야기는 쏙 꺼지고 말았다. 그 후 단파통신 시대로 접어들고 나서부터는 안테나도 소형화되었다. 상대방에

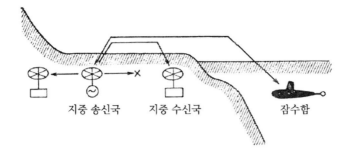

〈그림 3-2〉 지중통신의 전파 전파방법
: 전파는 땅속을 직접 전파하는 일이 없고, 한번 대기 속으로 전파가 나갔다가 다시
땅속으로 침입하여 전파한다. 잠수함의 선미에는 예인형 수중안테나가 달려 있다

게 발견될 걱정이 없어졌기 때문에 특별히 안테나를 땅속에다 묻는 것의
번거로움을 생각할 필요가 없어졌다.

그러나 제2차 세계대전 후에 지중통신은 다시 각광을 받게 되었다. 핵
폭탄을 비롯한 대규모의 파괴 무기가 개발되었기 때문이다. 이 무기로 인
해 안테나를 포함하는 지상시설이 모조리 파괴되어 버렸을 때라도 방위
통신을 하기 위해서는 기지를 땅밑으로 옮기고 안테나도 땅속에 묻는 방
법밖에는 없다. 전파복사의 효율은 안테나를 땅속에다 묻으면 극단적으
로 나빠진다. 이를테면 미국에서 생각하고 있는 오스타 극초장파 계획에
서는 땅속에 설치한 안테나로부터 1㎿의 전력으로 전파를 발사한다. 그러
나 공중으로 나가는 전파의 전력은 그중의 고작 8W로 어림되고 있다. 효

율을 무시하면서까지 땅속에다 안테나를 설치해야 한다니 참으로 서글픈 세상이다.

지중통신용 안테나의 전파복사효율은 당연한 일이지만 설치장소의 전기적 조건에도 의존한다. 도전성이 낮은 암반 따위가 있는 곳이라면 그 안테나의 복사효율이 개선될지도 모른다.

그런데 땅속에 설치된 송·수신 안테나 사이에서는 전파가 어떻게 전해질까. 안테나가 서로 극히 가까운 거리에 있다면 전파는 땅속을 직접 전파하여 수신 안테나로 향한다. 그렇다면 양쪽 안테나가 서로 멀리 떨어져 있을 때는 어떨까. 여기서는 벌써 대지의 전파감쇠가 커서 땅속을 직접 전파하는 전파전파(電波傳播)란 생각조차 할 수 없다. 그때는 땅속에서 발사된 전파는 일단 전파감쇠가 없는 지표로 나가서 수신점 가까이 대기 속을 전파하고, 다시 땅속으로 침입한 전파가 수신 안테나에까지 도달하게 된다. 그래서 전파가 대기 속으로부터 땅속으로 어떻게 침입하느냐, 또 땅속으로부터 대기 속으로 어떻게 나가느냐, 이것을 생각하는 것이 지중통신을 생각하기 위한 근본 과제가 된다.

지구자기(地球磁氣)는 땅속이나 물속을 관통한다. 전파 스펙트럼 중에서 지구자기에 가깝게 진동하는 횟수, 즉 주파수가 낮은 장파, 초장파는 땅속이나 바닷속의 감쇠가 비교적 적다는 사실이 알려져 있다. 그래서 이들 주파수가 낮은 전파가 지중통신용으로 이용된다. 또 이들 전파는 바닷속으로도 어느 정도까지는 전파하기 때문에 땅속의 기지로부터 바닷속의 잠수함으로의 직접 통신에도 이용할 수 있다. 이 때문에 한때는 장파와

초장파 통신이 군 관계자들에게 흥미의 대상이 되었다고 한다.

군용으로 이용되면 조금은 위험한 일이지만 그밖에도 이용면이 있다. 남극이나 북극의 기상이 나쁜 곳에서 바람이 거세어 지상에다 기지나 안테나를 설치할 수 없는 환경에서는 부득이 땅속이나 얼음 속에 안테나를 설치하지 않으면 안 된다. 또 광산에서의 긴급통신용으로도 잊어서는 안될 것이다.

: 수중통신

잠수함과의 통신은 제1차 세계대전 전부터 각국의 해군 관계자들 사이에서 고려되고 있었다. 그러나 감도가 나쁜 송수신기밖에는 만들지 못했던 당시로는 그것의 실용 한계란 뻔한 것이었다. 잠수함과의 통신이 실용화된 것은 제2차 세계대전이 일어나고서의 일이다.

전파는 바닷물 속을 전파하지 않는다고 말한다. 바닷물 속을 전파하지 않는다고 잘라 말하면 거짓말이 되겠지만, 전파가 지나치게 빠르게 감쇠하기 때문에 조금만 바닷속으로 들어가면 수신 가능한 신호의 최저 레벨을 밑돌게 된다. 그러나 지중통신과 마찬가지로 장파나 초장파 전파는 해면 아래로 약간은 전파하기 때문에 그것들을 이용하여 잠수함과 통신을 하려는 착상이 생겼다.

이 잠수함 통신의 실용화는 사면이 바다에 둘러싸인 일본이 제일 빨랐다고 한다. 제2차 세계대전 중에 군함 '이사미(依佐美)'의 대형 안테나로 송신한 파장 11,467m의 장파(1,744kHz)를 이용하여 사이판섬과 트럭섬 부

〈그림 3-3〉 미국의 미사일 원자력 잠수함 조지 워싱턴호
: 수중통신을 평화 이용에 쓸 수 없을까?

근에서 15m쯤 잠수한 상태의 잠수함에 통신을 보낼 수 있었다고 한다.
한편 나치스 독일에서도 마그데부르크에 파장 28,000m의 장파통신국을
설치하고 U보트에 지령을 내리고 있었다고 한다.

제2차 세계대전 후에는 정말로 가공할 시대가 되었다. 원자력 잠수함
이 지구 위의 모든 바다 위와 바닷속을 누비고 다니게 되었다. 더군다나
거기에는 핵미사일이 장착되어 있는 시대이다. 초장파보다도 더 파장이
긴 극초장파를 이용하면, 상당한 수심에서도 전파를 수신할 수 있을 것이
다. 1976년에는 미국의 잠수함이 북빙양(北氷洋)의 해면 아래 100m 지점
에서 미국의 위스콘신주에서 발사한 전파신호를 수신했다고 한다. 현대
에서 잠수함 통신은 더욱 중대한 의미를 지니는 것이 되었다.

장파나 초장파를 수신하기 위한 잠수함용 안테나로서 선미에 매달아 끌고 가는 길이 500m나 되는 와이어 안테나(wire antenna)가 이용되고 있다고 한다. 긴 파장의 전파를 수신하는 기술은 바닷물 속에서도 여러 가지로 연구되고 있는 듯하다.

그러나 해중(海中)통신은 군 관계 이외에서도 중요해지고 있다. 바야흐로 해상은 경제수역 200해리(海里) 시대로 접어들었고, 지구 위에서 개발되지 않은 곳이라고는 오직 바닷속과 바다 밑이 남았다. 새로운 해중, 해저 자원을 찾아 해중통신은 앞으로 더욱 뻗어 나갈 것이다.

3. 터널 안에서의 통신

: 터널 안 전파의 자유전파

일본은 산악이 많은 나라이다. 기차도 자동차도 터널을 이용하고 있다. 터널과 비슷한 전파환경(電波環境)에는 광산의 갱도, 땅밑의 하수도 또는 지하도와 대형 빌딩의 복도 등이 있다. 이런 곳에서는 언제, 어디서나 통신이 가능한 태세가 갖춰 있지 않으면 화재와 지진 등의 비상시에는 큰 변이 일어날 위험이 있다.

중파 라디오를 들으면서 자동차가 터널 속으로 들어가면 갑자기 아무 것도 들리지 않게 된다. 이런 사실로부터 터널은 전파가 통하지 않는 것이라고 오랫동안 생각해 왔다. 그리고 터널 안에서의 통신방법이라 한다면 으레 터널 안으로 통신선을 끌고, 그것으로 전화를 이용하는 것이라고 정해져 있었다. 실제로 일본의 민간 텔레비전 방송국이 스폰서가 되어 최근 몇 해 동안 유행한 동굴탐험에서는, 통신원이 수 ㎞나 되는 긴 통신 케이블을 짊어지고 동굴 속으로 들어가고 있다. 터널 안에서는 음파만 전파하는 것이라고 생각했다.

〈그림 3-4〉차 속에서 전화가 가능한 일본의 신칸센
: 운전석 위에 튀어나온 안테나는 150㎒의 구내 연락용과 긴급 연락용이다. 400㎒를 이용하는 일반 통신용 안테나는 객실 상부의 지붕에 있고, 레이더돔(Radar dome) 속에 있기 때문에 바깥에서는 안 보인다

　　그러나 터널 안을 전파하는 파동은 사실 음파만은 아니다. 전파도 벽에 의한 반사를 이용하여 전파할 수 있다. 다만 그것에는 한 가지 조건이 있다. 즉 사용하는 전파의 파장이 터널의 지름에 비해 충분히 작아야 한다는 점이다. 이와 같은 전파는 음파와 마찬가지로 터널 벽에 몇 번이고 반사를 되풀이하며 안으로 안으로 전파한다. 전파가 전파하는 이와 같은 방식을 전파의 도파관전파(導波管傳播)라 한다. 실제 터널의 규모로 말하자면 초단파나 극초단파의 전파가 이런 목적에 적합하다.

　　터널 안을 전파가 자유로이 전파한다는 사실은 제2차 세계대전 중, 하늘을 깎아지른 듯이 절벽이 가파르고 높아서 천장 없는 터널이라고 일컬어지는 일본의 도야마현에 있는 구로베 계곡에서, 초단파의 통신 실험이 실시되었을 때부터 예측하고 있었다. 그러나 아무래도 전파 감쇠가 땅속에 뚫린 큰 터널에서의 일이라 아무도 이것을 시도해보지 않았다. 그런데 최근의 측정 결과로는 생각했던 만큼 크게 전파가 감쇠하지 않으며, 통신을 위해서도 충분히 실용화할 수 있다는 사실을 알게 되었다.

이처럼 터널 안에서 전파의 자유전파(自由傳播)는 터널 안의 긴급통신용으로 이용되게 될 것이다.

: 터널 안에서의 누설 케이블 통신

일본의 최고속 탄환열차라 일컬어지는 신칸센(新幹線)에는 400MHz의 극초단파 무선전화가 장치되어 있다. 이 전화는 터널 안에서도 사용할 수 있다. 전화의 회선 수가 적어 금방 '통화 중'이 되어 버리는 것이 아쉽지만, 어쨌든 실용화된 터널 내 통신으로서는 훌륭한 시스템이다. 이 시스템에 사실은 이제부터 설명할 누설 케이블이 사용되고 있다.

터널 안에서 자유로이 전파하는 전파는 속으로 깊숙이 전파함에 따라서 감쇠한다. 전파하는 동안에 터널 주위의 대지로 전파가 흡수되어 버리기 때문이다. 그래서 터널 안 깊숙한 곳과 통신을 하기 위해서는 누설 케이블(leakage cable)이라 불리는 통신 케이블을 부설하여 터널 내 통신을 하고 있다.

이 케이블에는 주기적으로 뚫린 케이블의 작은 구멍으로부터 초단파

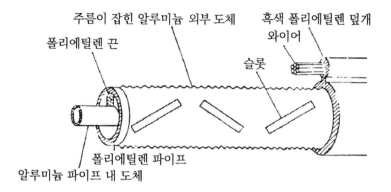

주름이 잡힌 알루미늄 외부 도체 · 흑색 폴리에틸렌 덮개

폴리에틸렌 끈 · 와이어

슬롯

폴리에틸렌 파이프

알루미늄 파이프 내 도체

〈그림 3-5〉 터널 내 통신용 누설 동축 케이블

나 극초단파의 전파를 터널 안으로 조금씩 내보내어 터널 안과 케이블 시발점인 터널 관리실 사이를 연결한다. 이 누설 케이블을 이용하면 케이블에서 새어나가는 늘 신선한 전파로 터널 안을 채울 수 있다. 그래서 터널 안에서 전파의 교란이 적어지고 위에서 말한 자유전파를 이용하는 방법보다는 신뢰성과 안정성이라는 점에서 훨씬 뛰어나다. 또 케이블에는 한꺼번에 많은 정보를 전달할 수 있다. 이 케이블 통신방식은 터널 안의 통신뿐만 아니라 터널 안의 교통관제에도 동시에 이용되고 있다.

그런데 이런 종류의 케이블은 자동차 등의 배기가스로 오염되기 쉽고, 이것의 보수를 위해서라도 터널 안의 비교적 관리하기 쉬운 위치에 두지 않으면 안 된다. 터널 안에서 화재가 발생하면 제일 먼저 타버리게 된다.

1977년 7월에 일본의 도쿄와 나고야를 잇는 도오메이(東名)고속도로의 니혼고개(日本坂) 터널에서 자동차 160대가 타버린 큰 화재가 있었다. 이 사고는 터널 안의 전자장치(electronics)를 이용한 터널 관리방식에 잘못이 있었음을 알려줌은 물론 이 밖에 사고 때 터널 안의 특수한 환경을 드러내 보인 사건이었다.

누설 케이블의 이용은 굳이 터널에만 국한되지 않는다. 고속도로 전역에 부설해 두면 교통관제나 교통정보의 서비스에도 이용할 수 있다. 또 대형 빌딩의 복도나 실내에 장치하면, 실내용 사무 처리 로봇의 유도 등도 가능하게 될 것이다.

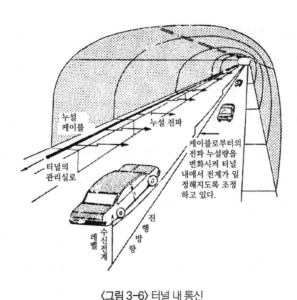

누설
케이블

누설 전파

터널의
관리실로

케이블로부터의
전파 누설량을
변화시켜 터널
내에서 전계가 일
정해지도록 조정
하고 있다.

수신전계
레벨

진행방향

〈그림 3-6〉 터널 내 통신

4장

전파 재킹은 가능한가

이것은 보통 전신에 늘 사용되는 모스 전신기인데 나는 실험을 위하여 이
것에다 특수한 회로를 연결했다. 이 레버를 조작하는 것만으로
전파를 발생하는 전류가 이 회로에 온다. …전신기의 키가 올라가 있으면
전파는 통하지 않는다. 내려놓으면 반대로 망루로부터 전파가 발사된다.

쥘 베른『사하라사막의 비밀』에서

1. 전파 스펙트럼과 전파신호

: 전파의 변조

우리는 남에게 오해를 받고 싶지는 않다. 무언가를 전달하고 싶을 때, 우리의 마음을 말로써 상대에게 전달한다. 그러나 음성만이 유일한 수단은 아니다. "눈은 입만큼이나 말을 한다"라는 비유가 있다. 이성을 꾀는 데는 말 따위는 필요가 없다고 장담하는 사람도 있다.

전파로서 정보의 전달을 생각해 보자. 단순히 전파가 있다고 해서 정보가 되는 것은 아니다. 전파의 어딘가를 인위적으로 변화시켜 지적 정보를 전파에 보태줄 필요가 있다.

하얀 편지지만으로는 편지가 될 수 없다. 거기에 글씨를 쓰고 뜻이 담겨야 비로소 여러분의 마음을 전달하는 편지가 되는 것이다.

파동으로서의 전파는 그 진폭, 주파수(파장) 그리고 위상(位相)으로써 결정된다. 그래서 이 세 가지 양을 시간을 쫓아가며 정보와 대응하게 끔 변화시켜 주면, 여기서 비로소 정보를 지닌 전파가 만들어진다. 전파에 정보를 부여하는 방법을 변조(變調)라고 한다. 전파의 변조방법에는 위

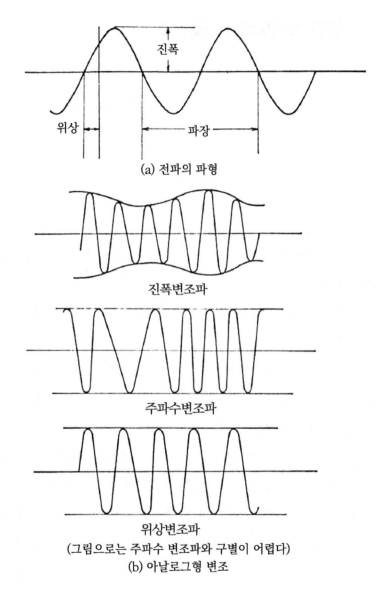

(a) 전파의 파형

진폭변조파

주파수변조파

위상변조파
(그림으로는 주파수 변조파와 구별이 어렵다)
(b) 아날로그형 변조

〈그림 4-1〉 전파에 신호를 싣는 방법

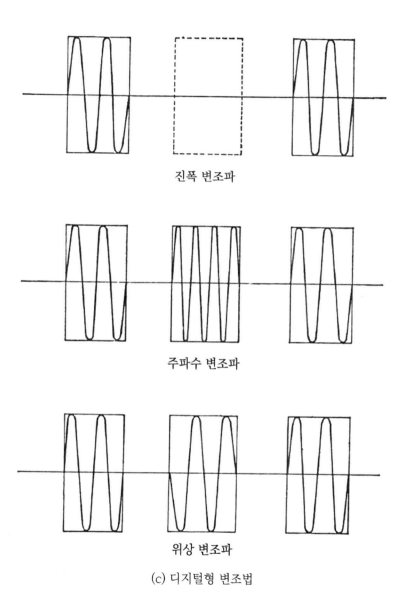

진폭 변조파

주파수 변조파

위상 변조파

(c) 디지털형 변조법

에서 든 세 가지 양 중의 어느 것을 변화시키느냐로 결정되며, 진폭변조(AM), 주파수변조(FM), 위상변조(PM)의 세 종류로 크게 분류되는데 그것들은 다시 각각 세분되고 있다. 전파 대신에 음성을 생각해 보면 각각의 변조방법의 구별을 알 수 있다. 진폭(振幅)변조는 소리의 크고 작음으로 바꾸어서 신호를 보내는 것에 해당한다. 모스부호는 이 진폭변조의 극단적인 예이다. 일본의 초고속 열차 신칸센의 역 구내로, 열차가 진입하는 것을 가리키는 경보 신호도 이 AM 방식을 이용한 것이다. 주파수변조는 소리의 높고 낮음을 변화시켜서 신호를 보낸다. 구급차의 사이렌이 이 변조방식이다. 위상변조는 소리를 내는 호흡의 리듬, 숨을 멎는 위치를 변화시켜서 신호를 보낸다. 그런데 이 변조법에도 장점과 단점이 있다. 그것들은 어디서 결정될까.

일본은 제2차 세계대전 중 항공무선에 단파의 진폭변조에 의한 모스부호를 사용하고 있었다. 한편 연합국 측은 초단파의 주파수변조를 사용하고 말로 통신을 하고 있었다.

"살려줘!"하고 부르짖는 소리를 직접 듣는 것과 이 말을 모스부호로 고쳐 손으로 키를 두들겨 타전하고, 그것을 수신하여 다시 말로 고치는 것과는 응답에 소요되는 시간이 다르다. 이래서는 촌각을 다투는 공중전의 긴급 시에 통신의 차이가 생기는 것은 당연한 일이다.

변조를 받은 전파는 천연잡음(天然雜音)과 인공잡음이 소용돌이치는 공간을 날아가 수신기에 들어간다. 이때 잡음이 섞인 신호로부터 얼마나 정확하게 본래의 신호를 끌어낼 수 있느냐는 능력에 따라 각각의 변조 방식의 특색이 결정된다.

항공기의 엔진에서 나오는 불꽃 잡음으로부터 벗어나기 위해 연합국 측에서는 항공무선에 주파수변조를 이용했다. 주파수변조가 진폭변조보다 외래잡음에 강하다. 불꽃잡음 전파라는 것은 변조 방식으로 생각해 볼 때, 천연적으로 진폭변조된 전파이다. 그래서 마찬가지로 진폭변조된 신호전파에 섞여들어 그 파형을 흩트려 놓기 쉽다. 한편 다른 변조 방식의 주파수변조된 신호에는 잘 섞여들지 않는다. 잠깐 생각해 보자. 거리의 혼잡 속에서도 구급차의 사이렌 소리만이 유달리 분명하게 들리는 것으로부터도 이 사실을 알 수 있다.

그러나 다음에서 말하는 스펙트럼에 대해서는 사실 주파수변조 쪽이 폭이 넓어서 주파수의 효율적인 이용이라는 점에서는 약간 문제가 된다. 이런 사실들을 여러모로 고려하여 중파에서는 진폭변조가, 초단파에서는 주로 주파수변조가 사용되고 있다.

: 전파 스펙트럼의 할당

전파의 주파수 스펙트럼은 장파에서부터 밀리미터파에 이르기까지 연속적으로 존재하고, 그 점에 관해서만 말하면 무한한 전파가 있다고 말할 수 있다. 그러나 우리가 전파에다 신호를 실어주는 변조방법에는 모두 10개 정도의 방법뿐이다. 그리고 이들 방법에서는 시간으로 변화하는 신호나 정보는 필연적으로 단일 주파수가 아니다. 사실은 그 단일 주파수를 중심으로 하여 '어느 폭'을 가진 주파수의 스펙트럼을 이용하

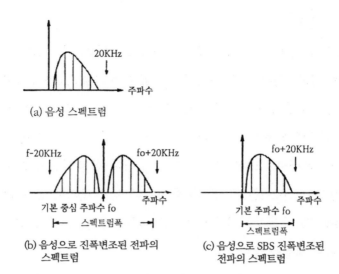

(a) 음성 스펙트럼

(b) 음성으로 진폭변조된 전파의
스펙트럼

(c) 음성으로 SBS 진폭변조된
전파의 스펙트럼

〈그림 4-2〉 전파신호의 스펙트럼폭

고 있는 것이다.

이 주파수 스펙트럼의 폭에 대해 좀 더 자세히 생각해 보기로 하자. 전파 대신에 먼저 음성을 생각해 본다. 우리 귀는 수 Hz로부터 20kHz 정도의 주파수 소리를 청취할 수 있다. 그리고 이 20kHz의 주파수폭이 조금이라도 좁아지면 클래식 음악에 까다로운 사람은 소리가 몹시 딱딱하다고 말한다. 사실은 여기서 말하는 주파수폭이란 것은 정확하게는 음파의 주파의 주파수 스펙트럼을 말한다. 그리고 그것이 바로 동시에 우리 인간의 1로 들을 수 있는 음파의 스펙트럼폭인 것이다.

이번에는 전파에 변조를 걸어서 이 음파를 싣는 것을 생각해 보자. 이때는 음파신호를 충실하게 재생하기 위한 전파 스펙트럼폭이 요구된다. 그 폭은 일정하게 정해진 단일 주파수의 양쪽 주파수 부분을 단일 주파수를 중심으로 하여 좌우대칭으로 차지하게 한다. 간단하게 말하면 중심 주파수의 위쪽과 아래쪽의 주파수 영역으로서 음성 스펙트럼폭의 약 20kHz가 덧붙여진 것이라 생각해도 된다. 여기서는 음성의 스펙트럼폭을 직접 중심 주파수의 위와 아래에 겹쳤지만, 실제 전파의 경우는 그 변조방법에 따라 이 전파의 스펙트럼폭이 결정된다.

이번에는 중파의 라디오방송으로 실제의 스펙트럼폭을 체험해보기로 하자. 지금 동조바리콘(tuning variable condenser)을 돌려간다. 정해진 주파수의 바로 앞쪽에서 말소리가 약간 갈라지고 있으며 고음부가 강한 소리가 들린다. 그리고 다시 돌려가면 그 방송이 맑은 목소리로 들린다. 더 돌려가면 다시 소리가 갈라지고 마침내는 들리지 않게 된다. 말소리가 들리기 시작했을 때부터 들리지 않게 되는 때까지의 주파수의 폭이 실제의 주파수 스펙트럼폭이다. 마찬가지로 FM 방송이나 텔레비전 방송에서도 동조 손잡이를 돌려보면 전파 스펙트럼에 폭이 있다는 것을 알 수 있다. 이 스펙트럼폭은 중파의 라디오방송에서는 10kHz, 텔레비전 방송에서는 6MHz로 정해져 있다.

그런데 중파니 단파니 하는 주파수의 스펙트럼은 변조방법으로 정해진 이 스펙트럼폭으로 분할되어 있다. 이 분할된 채널수만 그 주파수범위를 이용할 수가 있다. 그래서 텔레비전을 위해 할당된 초단파의 주파수에는 12개의 채널밖에 들어가지 않는 것이다.

이 전파 스펙트럼의 채널 할당은 장파에서부터 마이크로파, 밀리미터파에 이르기까지 아주 세밀하고 명확하게 정해져 있다. 그중에는 천체나 우주로부터 오는 천연의 미약한 전파를 관측하기 위해, 인류가 인공전파를 절대로 내어서는 안 되는 채널도 있다. 또 그것과는 따로 우주선이나 인공위성과 통신을 하기 위한 효율적인 특별한 채널도, 우주 시대로 접어든 현재는 따로 설정해 놓고 있다. 전파를 사용하기 위해서는 그에 상응하는 면허가 필요하다. 그러나 아무 자격이 없더라도 누구나 자유로이 이용할 수 있는 주파수가 있다. 이 주파수는 시민(市民)밴드, 즉 CB라 불리며 지역이 광활하고 교통수단이 주로 자동차인 미국에서는 일상적으로 이용되고 있다. 그러나 한국이나 일본과 같은 곳에서는 이것이 전파방해를 발생할 우려가 있다 하여 아직은 허가되지 않고 있다.

바야흐로 인류의 전파 이용에 대한 요구는 계속 증대하고 있고, 이용되지 않고 있는 채널이란 거의 없는 실정이다. 그리고 어린이들이 텔레비전 만화를 보려고 채널 쟁탈전을 벌이듯이, 관계자들은 전파 채널의 쟁탈에 혈안이 되고 있다. 전파는 인류가 공동으로 이용하는 문명의 이기이다. 전파 채널에 대한 협정은 세세한 부분까지 국제회의에서 결정되고 있다. 19세기에 전기(電氣)의 단위에다 이름을 붙여 주는 회의가 열렸을 때, 당시의 강대국들이 제각기 자기 나라 연구자의 이름을 붙였었다. 전파의 스펙트럼 할당에서는 선진국이건 후진국이건 모두가 인류의 장래를 생각해야 할 것이다.

전파 채널의 이용폭은 전파에 신호가 실리는 방법에 따라 바뀌기 때문에, 되도록 적은 폭으로서 가능한 변조방법의 연구가 진행되고 있다.

그런데 현재, 단파의 아마추어 무선에서는 이미 SSB(signal side band)라는 방식이 사용되고 있다. 이 SSB 변조 방식에서는 중심 주파수의 위쪽과 아래쪽에 대칭으로 차지하고 있는 스펙트럼폭의, 이를테면 위쪽 스펙트럼만을 이용하고 아래쪽은 전혀 이용하지 않는 방식이다. 그래서 이 SSB 방식을 도입하게 되면 종전의 한 채널의 스펙트럼폭에 약 2개의 채널을 넣을 수 있게 된다. 이런 데서부터 장래에는 일반용 단파통신에도 이 SSB 방식을 이용하도록 국제회의에서 의무화하게 될 것으로 본다.

: 다중통신방법

우주통신용 위성의 발사가 화제가 될 때, 1개의 마이크로파 주파수를 이용하여 전화회선으로 친다면 600회선의 동시 통화가 가능하다…는 등의 이야기를 자주 듣는다. 이와 같은 독립된 다수의 통신을 한꺼번에 하는 기술은 전문적인 표현으로는 다중(多重)통신이라 한다.

이 다중통신 기술은 앞에서 말한 주파수 할당이라는 사고방식에 입각하면, 조금도 기이하거나 신기하지 않다. 단일 주파수를 중심으로 하여 이용할 수 있는 스펙트럼폭 가운데서 전화회선으로 하여, 이를테면 600개의 채널을 가지게 한 것에 지나지 않는다. 요는 이 600개의 독립된 주파수의 채널에 독립된 신호를 실어 600개의 정보를 한 묶음으로 가진 전파를 내보내면 되는 것이다. 그리고 이 전파를 수신하여 각각 독립된 신호로 재분배하는 기술이 있으면 된다. 이와 같은 기술을 특히 주파수 분할 다중통신이라 부른다.

그런데 다중통신의 기술에는 이것과는 다른 사고방식도 가능하다.

지금, 되도록 접근시켜 배열한 펄스 배열로 구성되는 전파를 만들어 보자. 그리고 이 전파의 펄스 배열의 이를테면 600번째마다 각각 독립된 600개의 정보를 실어준다. 이 방법으로도 다중통신이 가능할 것이다.

이런 사고방식으로 한다면 펄스 배열에 번호를 부여하고 그 주어진 번호의 펄스열에 각각 독립된 정보를 부여하는 방법과 이 파형들로부터 거꾸로 복합된 펄스열로부터 각각의 정보를 가진 펄스 배열을 분리해 내는 기술만 있으면 된다. 이와 같은 사고방식을 시분할(時分割) 다중통신 방식이라 부른다.

이 시분할 방법에서는 주파수를 분할하여 각각 독립된 정보를 주는 것이 아니고, 일정한 시간대(時間帶) 속에 펄스열을 차례로 배열하여 할당하게 된다. 그래서 이 방법의 한계는 서로 이웃하는 펄스 사이에서 서로에 영향을 끼치지 않을 만한 펄스열이 반복되는 간격으로 결정된다.

그러면 이번에는 우리 인간에 대해 한번 생각해 보자. 우리는 많은 일을 동시에 할 수는 없다. 일이 많을 때는 시간을 나누어서 한 가지씩 처리해 간다. 그런 점에서 말한다면 인간의 행동이란 시분할 다중통신이라고 말할 수 있다.

주파수 분할 방식, 시분할 방식에는 각각 일장일단이 있다. 그래서 이들 방식을 결정하는 데 있어서는 보내고 싶어 하는 신호의 성질, 전파의 전파경로(傳播經路)의 전파잡음상태나 통신국 장치의 경제성 등을 검토할 필요가 있다.

: 전파의 도청과 스펙트럼 확산 방식

여러 종류의 전파가 하늘을 날아다니고 있다. 전파는 모든 사람의 공유물이다. 방송전파는 일반 사람들을 대상으로 하는 정보의 일반 통행식 전달이다. 일반 통신의 전파에서는 특정한 사람들 간의 정보교환이 행해지고 있다. 개인끼리나 조직 간의 이와 같은 특수한 통신을 제3자가 엿듣는 것을 도청 또는 방수(傍受)라 한다. 전파는 모든 사람에게 공유하는 것이므로 도청이 허용된다. 그러나 내용을 다른 사람에게는 말하지 못하게 금지되어 있다.

이웃집에서 부부싸움이 벌어지고 그 말소리가 들려오는 것은 어쩔 수 없다. 그렇다고 해서 그 엿들은 내용을 다른 데서 지껄이는 것은 점잖은 일이 못 된다. 그렇지만 텔레비전의 화면을 통해서, 수사극 같은 것에서 수사관들이 멋진 활약상을 보이면 그것을 진짜처럼 생각하고 받아들이는 사람도 많다. 현실적으로 일어나는 사건들을 생생하게 체험해 보았으면 하는 사람이 있다고 해도 이상할 것이 없다. 미국이나 유럽에서는 경찰무선이나 소방무선, 심지어는 항공무선을 도청하여 즐기는 것이 하나의 취미(?)처럼 유행하고 있다. 바야흐로 일본에서도 이와 같은 도청을 목적으로 하는 취미적 수신기가 붐을 일으키려 하고 있다.

그러나 이런 도청에 해가 없는 것은 아니다. 기동순찰대의 통화 내용을 도청하여 범죄인이 교묘히 빠져나가는 일은 영화에서만 있는 것이 아니다. 일본의 나리타 국제공항이 개항하던 때인 1978년에는 공항 개항을 반대하는 과격파들이 그들의 주장을 관철하기 위해 과격한 행동을 일으킨 적이 있다. 그때 경찰무선을 도청하여 경찰의 행동을 알아내고는 그들을 쳤다는 얘기가 있다.

도청을 당하는 쪽으로서는 어떻게든지 도청이 불가능한 통신방법을 썼으면 하는 것은 당연한 일이다. 이와 같은 방법의 하나로 스펙트럼 확산 방식이 있다.

이 방식을 텔레비전 화상을 전송할 때를 예로 들어 설명하겠다. 희망하는 화상(畵像)의 전파에 특수한 키 코드(key code)파형을 부여한다. 이 화상의 한 채널 분의 정보를 스펙트럼폭이 확산된 전체 텔레비전 채널에다 정보를 확산시켜 송신한다. 수신 쪽에서는 확산된 정보를 가진 그 전파를 전 채널을 사용하여 수신한다. 그리고 그 수신전파에 본래의 특수한 키 코드파형을 가하여, 일반의 텔레비전전파까지 포함한 수신전파로부터 애초의 신호를 분리하여 재생하고 화상을 합성한다. 이때 일반 텔레비전전파의 각 채널에 확산되어 분배되었던 화상의 전파에너지는 지극히 미약하기 때문에, 각 채널의 일반용 텔레비전 방송 화면에는 전혀 영향을 끼치지 않는다.

전파니 정보니 하고 말하니까 조금 색다르게 느껴지지만, 확산방식이란 극히 평범한 것이다. 화학물질에다 비유하면 그것을 대량의 물로 희석한 다음 그 후 다시 농축시켜서 끌어내는 것일 뿐이다. 충분히 확산시켜

〈그림 4-3〉 떨어져서 보면 떠올라 보이는 그림
: 인간에게는 확산된 공간의 정보를 끄집어내는 능력이 있다

두면 가정에서 쓰는 텔레비전 정도의 정밀도를 가진 검출기로는 그 물질의 존재를 검출하지 못한다.

군용 비밀통신을 위해 개발된 이 스펙트럼 확산방식의 전파를 도청한다는 것은 지극히 어렵다. 전 채널을 수신할 수 있어야 하고 또 신호 재생용의 특수한 키 코드를 갖지 않으면 안 된다. 도청하는 쪽에서 이것은 엄청난 큰일이다. 돈만으로 해결되는 문제가 아니다.

이 스펙트럼을 확산하여 신호를 보내는 방법은 위에서 말한 주파수 스펙트럼 할당의 착상과는 전적으로 다른 착상이다. 이 방식은 1978년의 국제회의에서 민간에게 이용해도 된다는 결정이 내려졌다. 앞으로의 전파 이용을 위해 일대 혁명을 일으키게 되지 않을까 하고 말하고 있다.

그런데 이와 같은 스펙트럼 확산방법은 그림의 세계에도 있다. 가까이에서 보면 그림의 한 부분, 한 부분을 아무리 조사해 봐도, 도무지 무엇을 그린 것인지 분간할 수 없는 그림을, 멀찌감치 떨어져 관찰하면 상(像)이 떠오르는 화법(畵法)이 이것에 해당한다. 통상적인 텔레비전 전파와 스펙트럼 확산 방식의 전파가 한데 혼합된 상태와 대응되는 그림도 있다. 달리(Dali)의 〈2㎞ 거리에서 보면 중국인으로 가장한 세 사람의 레닌으로 보이고, 6m의 거리에서 보면 위풍당당한 호랑이 머리로 보이는 50의 추상화〉라는 긴 제목이 붙은 그림을 본 적이 있는 사람은 "아, 이것이 스펙트럼 확산 수법이구나" 하고 알아챌 것이다.

: 전파 재킹

해적 방송국이라는 것이 있다. 방송용으로 할당된 주파수에서 사용하지 않고 있는 것을 이용하여 불법적으로 개인적이거나 어떤 비판을 목적으로 당당하게 방송을 하고 있는 것이다. 그들의 행동은 법치국가로서는 용서할 수 있는 일이 아니다. 그래서 그들은 영해(領海) 밖으로 나가 선박으로부터 전파를 발사하고 있다. 이 지하방송국은 전파 재킹(jacking)의 효시라고 할 수 있다.

우주를 비행하는 탐색선은 늘 관측하고 지구로 늘 전파를 보내고 있는 것은 아니다. 필요할 때만 관측하고 필요할 때만 지상으로 전파를 보내고 있다. 그래서 관측을 쉬거나 측정기기가 휴식을 취하고 있을 때는, 지상으로부터의 지령으로 측정기기에 스위치를 넣어주는 회로만 작동하고 있다. 그리고 지상으로부터 "스위치를 넣어라"라는 전파가 날아가면 스위치가 자동적으로 들어가서 관측이 시작된다.

이 "스위치를 넣어라"라는 전파는 우주에만 있는 특수한 것이 아니다. 지상의 무선국, 이를테면 산속에 있는 통신국, 로봇국, 도시에 있는 무인화된 방송국에서도 이 기술이 이용되고 있다. 이 "스위치를 넣어라"라는 신호는 바로 전파의 비밀암호여서 특별히 꼭 알고 있어야 할 사람만 알고 있다. 그런데 언제였던가, 일본의 간토 지방의 어느 무인 방송국으로부터 한밤중에 난데없이 방송이 흘러나간 일이 있었다. 날마다 이용하고 있는 송신 개시용 전파신호를 누군가가 도청한 것일까. 그 비밀암호를 해독하여 그것과 똑같은 지시전파를 발사하여 전파 재킹을 즐겨보았던 것일까. 아니면 무인국의 모국 사람들의 부주의에 의한 실수였을까. 어쨌든 어처구니없는 일이었다.

2. 전파전과 도청기술

: COMINT(통신첩보)

남의 얘기를 하거나 소문을 듣기만 할 뿐이라면 그리 해가 될 것은 없다. 그러나 그런 소문을 전적으로 수집한다고 하면 문제가 달라진다.

전파통신의 도청, 거기에는 여러 가지 일을 생각할 수 있다. 정부 고관들의 자동차 전화가 도청되고 그 내용이 몰래 어떤 목적에 이용된다고 한다면…… 생각만 해도 끔찍한 일이다. 국가 간의 이해가 충돌할 경우에는 유감스럽게도 이와 같은 도청이 거의 공공연하게 행해지고 있다.

제2차 세계대전 후의 냉전 시대의 일이다. 모스크바에 있는 미국대사관에 제10장에서 자세히 언급하게 될 모스크바 시그널이라는 마이크로파가 조사(照射)되기 시작했다. 그 이유는 미국의 전파도청 능력에 놀란 소련(현 러시아)이 그것에 대항하여 도청 방해를 목적으로 전파를 발사하고 있었다고 한다.

이 국가 간의 도청전은 통신첩보 COMINT(communications intelligence)

라고 불린다. 여기서는 돈과 기술을 도외시하고 모든 주파수 스펙트럼에 걸쳐 정보가 될만한 것이라면 무엇이건 모조리 수집하여 분석한다고 한다. 그중에는 당장 쓸모가 있는 것도 있을 것이다. 그러나 당장에는 쓸모가 없는 단편적인 첩보라도 장기간에 걸쳐 계속적으로 수집하면 어떤 뜻있는 결과를 얻을 수도 있다. 또 내용은 알 수 없더라도 그 전파가 어디서 나오고 있는지 송신지점을 알아내기만 해도 정보가 된다. 이 통신첩보 활동은 007의 활극만큼 화려하지는 않지만, 정보 관계자들에게는 매우 쓸모가 있다.

1976년 9월, 공산권의 최신전투기 미그25가 일본으로 망명한 비행 사건이 있었다. 미그25가 일본 영공으로 침입하기 직전까지 사태의 중요성과 그것에 대처하기 위한 단파, 초단파의 교신 전파가 공산권을 어지러이 날아다녔을 것이다. 그리고 이 전파는 일본에서도 도청되었을 것이다. 그러나 그 교신 전파가 어떤 내용을 지닌 것이었던가의 참뜻은, 이 미그25가 일본의 북해도에 있는 하코다테에 착륙한 뒤에야 제대로 이해되지 않았을까 생각한다.

: ELINT (전자첩보)

일본은 독립국으로서 자기 나라를 방위하고 있으나 일본의 영공 바로 바깥쪽에서는 공산권에서 날아온 것으로 보이는 국적 불명의 항공기가 늘 날아다니고 있다. 그 가운데는 이른바 '도쿄급행'이라 불리듯이 일정한 경로를 따라 비행하는 것도 있다. 또 영해 바로 바깥쪽에서는 안테나

EC-121

〈그림 4-4〉 전자첩보 활동을 하는 항공기

를 가득 실은 공산국의 트롤어선(?)이 늘 순항하면서 각종 정보활동을 벌이고 있다고 한다. 월남전 때는 괌 앞바다에 트롤어선이 나타나 B52폭격기가 북쪽을 향해 폭격차 발진하는 상황을 계속 관측하고 있었다고 한다.

한편 거꾸로 자유 제국의 기상관측기나 해양조사선이 공산권 주변에서 관측 활동을 하고 있다고도 한다.

1968년 1월, 북한에 나포된 미국의 환경조사 연구선 푸에블로호나 1969년 4월에 북한 가까이에서 격추당한 미국의 항공기 EC121도 이런 종류의 목적을 위한 것이었다고 북한 쪽에서는 생떼를 쓰기도 했다.

이런 비행기와 선박을 사용하는 도청은 전자첩보 ELINT(electronic intelligence)라 불리고 있다. 이 전자첩보의 목적은 여러 가지를 생각할 수 있다. 그 하나는 잠재적인 위협이 될만한 나라의 방위 레이더 시스템을 방해하거나 기만하거나 하는 대전자대책(對電子對策) Ecm(electronic counter measures)의 개발 등 점점 가공할 방향으로 발전하고 있다.

싸움을 할 때, 상대의 약점이나 의도를 미리 알고 있으면 이쪽에는 매우 유리하게 사태가 전개된다. 이런 정도로는 그가 폭력을 취하지 않을 것이라든가, 폭력을 취하게 되면 반드시 이러저러한 방법으로 나오리라든가를 알고 있으면 싸움도 과학적으로 할 수 있게 될 것이다. 긴급출동 방식을 세밀하게 분석당하게 되면 단 1분간의 시간차가 문제가 되는, 추리소설 속 알리바이 조작을 실제로 하는 듯한 공격방법 등을 생각할지도 모른다. 생각만 해도 살 떨리는 일이다.

제2차 세계대전 중 이른바 '브리덴 전투'에서 나치스 독일의 공군이 영국 본토를 야간폭격했다. 이때 연합군 측은 독일 폭격기의 비행경로를 유도해 주는 유도전파를 도청하여 이것을 분석하고는, 그것과 똑같은 전파를 영국 안에서 발사했다. 그 때문에 독일 폭격기는 자기네들의 비행경로가 본래의 유도 방향에서 벗어나 목적지에서 떨어진 엉뚱한 지점을 정확하게 오폭(?)하고 돌아갔다고 한다. 또 연합국 측은 독일의 폭격 때 요격해 오는 독일 전투기를 향해, 독일어로 거짓 정보를 전파로 흘려보내 통신을 교란하는 작전도 썼다고 한다. 연합국 측과 독일 쪽 모두 전투기에 상대방이 사용하는 초단파 사격조준용 레이더 전파를 수신하는 장치를 설치하고 있었다. 상대방이 전파를 감지하게 되면 즉시 이곳을 벗어나서 상대의 공격을 피하는 것이다. 상대방의 레이더 전파의 성질을 안다는 것은 곧 자기를 보호하는 것과 직결된다.

그런데 전파의 도청은 어떤 방법으로 분석할까. 그것은 도청전파의 주파수를 조사하는 데서부터 시작된다. 그다음에는 이 전파의 파형과 변조 방법을 조사한다. 여기까지를 정확하게 분석할 수 있으면 그 전파가 어떤 목적을 위해 사용되는 전파인가를 분명히 상상할 수 있을 것이다. 나머지 일은 얻은 정보의 결과를 어떻게 효과적으로 이용하느냐에 달렸다.

전파전은 전파의 탐색전에서부터 시작되는 것이다.

5장

레이더는 전파전에서
쓸모가 있는가

발신: 영국 대사관부 무관. 앞: 군령 제3부장. 1941년 7월 6일.

기밀 제78호. 하이드 파아크의 무선장치는 초단파를 이용하여 보이지 않는

비행기의 방향과 거리를 측정하려는 일종의 공중탐신기로 인정되며…….

다마루 나오기치 『병사들의 꿈의 자취』에서

1. 레이더의 성능

: 스카이랩의 낙하

지구를 회전하는 수많은 인공위성이 지상으로 떨어져 여러 가지 문제를 일으키게 될 우주공해가 화제가 되기 시작하고 있다.

1973년 5월에 발사된 대형 우주실험실 스카이랩(skylab) 위성이, 1979년 7월에 오스트레일리아를 중심으로 하는 지역에서 분해되어 떨어졌다. 스카이랩은 길이 40m, 무게 80톤이나 되는 거대한 위성이다. 낙하 때 대기 속에서 완전히 타버리지 못한 채 지상으로 떨어져, 어떤 피해가 생길지도 모른다고 크게 염려되었다. 스카이랩은 애당초 440㎞ 상공으로 쏘아 올려졌다. 그런데 뜻하지 않은 태양 활동에 의해 상층대기의 기체 밀도가 갑자기 증가했기 때문에, 그 마찰로 인해 속도가 감소하여 급속히 지구로 떨어지기 시작했다.

스카이랩이 지구 위 어느 지점에 떨어질 것인가를 예측하기 위해 레이더 전파관측이 여러 번 시도되었으나 구체적인 위치는 낙하하기 반나절

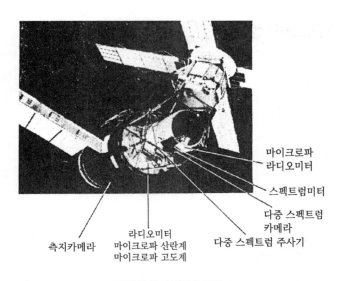

마이크로파
라디오미터

스펙트럼미터

다중 스펙트럼
카메라

라디오미터
마이크로파 산란계   다중 스펙트럼 주사기
마이크로파 고도계

측지카메라

〈그림 5-1〉 스카이랩 위성

전까지도 깜깜이었다. 그 때문에 낙하 직전까지도 혹시나 자기 나라에 떨어지지 않을까 하고 전 세계가 소동을 벌였다.

　　야구를 즐기는 아이들이라면, 던진 공이 대충 어디쯤에 떨어지리라는 것은 금방 짐작한다. 그러나 휴지를 돌돌 뭉친 것이나 탁구공 따위를 던졌을 때는 낙하지점을 예측하기란, 100년 후의 별의 위치를 예측할 수 있다는 현대일지라도 지극히 어려운 일이다. 고속도로 날아가는 형상이 복잡한 스카이랩은 지구 대기의 강력한 마찰력 앞에서는 마치 휴지를 뭉쳐 놓은 것과 같은 비행물체에 불과하다. 그러나 스카이랩의 낙하로 피해가 없었다는 것은 확률론(確率論)을 바탕으로 예측하고 있기는 했어도 어쨌든 다행한 일이었다.

: 레이더의 탐지거리

레이더의 성능을 가리키는 가장 기본적인 특성으로는, 인간의 시력에 대응하는 것으로 검출능력을 가리키는 탐지거리와 측정능력을 가리키는 분해능력이 있다. 얼마만큼이나 먼 곳의 것을 발견할 수 있으며 또 거꾸로 얼마만큼이나 가까운 것까지를 레이더 화면으로 관측할 수 있느냐, 그 물체의 형상과 크기는 얼마만 하냐, 이것이 레이더의 시력표이다.

레이더의 탐지거리는 안테나에서 복사된 전파가 어느 만큼이나 한 방향을 향하여 많이 진행하느냐에 따라서 결정된다. 이 지표(指標)가 되는 안테나 이득이라 불리는 양이 크면 클수록, 그 탐지거리가 길어진다. 또 60W의 전구보다 100W의 전구가 밝고 넓게 비추어 주듯이, 전력이 큰 레이더일수록 그 탐지능력이 증대한다. 그렇지만 한 안테나에 가해지는 전력에는 대전력 전파의 절연(絶緣)이라는 기술적인 문제 때문에 한계가 있다. 그래서 같은 안테나를 여러 개 배열하여 전체적으로 대전력 전파가 복사되는 레이더를 원거리 탐지용으로 생각했다. 이것이 나중에 설명할 다기능 레이더로서의 위상배열 레이더(phased array radar)의 출발점이 되었던 사고방식이었다.

일본의 실험용 통신위성 '아야메(붓꽃)'는 1979년 2월에 발사되었다. 그러나 3단계째의 로켓 분리 때 사고가 일어나 끝내 하늘을 방황하는 침묵의 위성이 되고 말았다.

이 '방황하는 아야메'의 추적과 그 위치를 결정하는 일은 무척 마음에 걸리기는 했으나 강력한 레이더가 없었기 때문에 일본의 관측으로는 전혀 불가능했다. 그 후 '아야메'는 미국의 북미 방공사령부 NORAD의 강력한 레이더에 의해 발견되어 그 궤도가 산출되었다. 무게 130kg, 지름 1.4m, 높이 1.6m의 원기둥꼴의 '아야메'는 지상으로부터 30,000km가 떨어진 정지위성 궤도의 약간 아래쪽을 날아가고 있었다. 이 '작은 아야메'를 발견해낸 미국의 레이더 탐지능력은 대단한 기술 수준이라 하지 않을 수 없다.

한때 UFO(미확인 비행물체, unidentified flying objects)의 존재를 진지하게 검토했던 미국 정부는 1969년에 이르러 갑자기 UFO는 존재하지 않는다고 발표하고 그때까지 분분했던 UFO 논쟁에 표면상 일단 종지부를 찍었다. 그러나 UFO의 존재를 믿는 일부 사람들에게는 이 결론은 심히 불만이었다. 그들은 UFO의 발견이나 검출한 실례를 제시하게 되면 곧 미국의 방공레이더 시스템 RADINT의 탐지능력을 공표하게 되는 것과 같으므로 정부가 굳이 UFO의 존재를 부정해버린 것이라고 주장하며 그럴싸한 반박성명을 발표했다. 그러나 현재는 '아야메'를 발견한 예만 보아도 명백하듯이 레이더의 탐지능력은 위성의 정지궤도를 넘어서고 있다. 탐지거리가 "너무 조잡하여 공표할 수 없다"라는 시대는 이미 지나간 것이다.

기술은 최근 10년 동안에 한층 더 진보했다.

: 레이더의 분해능력

레이더의 성능에는 탐지거리 외에 레이더의 화면이 정밀하고 선명하

〈그림 5-2〉 시즈쿠이시 사고의 레이더 사진

게 보이는지 어떤지를 가리키는 분해능력이라 불리는 것이 있다. 구체적
으로는 레이더 화면에 비치는 물체의 크기를 식별하거나 접근하는 두 물
체를 화면 위에서 두 개의 물체로 똑똑히 식별할 수 있는 능력을 말한다.

이 분해능력을 사람의 눈에다 비유하여 생각해 보자. 공원에서 먼 곳
에 앉아 있는 한 쌍의 연인이 포옹하고 있다. 그것을 발견할 수 있다면 여
러분의 탐지거리는 충분하다. 게다가 만약 여러분이 그 두 사람이 키스하
고 있는 것까지 식별할 수 있다면 여러분 눈의 분해능력은 뛰어나다고 할
수 있다.

레이더의 분해능력은 레이더 전파의 빔(beam)폭이 가늘수록 좋아진
다. 그래서 이 이용되는 전파의 파장이 짧을수록 또 이용하는 안테나가

클수록 그 분해능력이 좋아진다. 밀리미터파 레이더로 보면 저절로 탄식이 나올 만큼 아름답고 날씬한 마릴린 먼로의 각선미도, 센티미터파의 레이더로 보게 되면 어슴푸레 보일 뿐 마치 땅딸보 아저씨가 속곳을 꿰어 입은 어처구니없는 꼴로 보일 것이다.

이 레이더의 분해능력과 관계되는 사고가 1971년 7월, 일본의 동북지방에 있는 시즈쿠이시(雫石)라는 곳에서 일어났다. 북해도에서 도쿄로 향하던 전 일본항공의 비행기 B727기와 비행 훈련 중이던 일본 자위대의 F86F기의 유명한 공중 충돌사건이 그것이다. 충돌 당시의 동북지방의 하늘에 대한 레이더 화상이 동북 항공자위대 기지에 기록되어 있었다. 충돌의 진상을 과학적으로 밝혀주는 자료라 하여 관계자들은 아연 활기를 띠었으나, 이 레이더 화상으로부터는 사고의 원인을 규명하여 어느 쪽의 과실이라고 결론지을 만한 단계까지는 이르지 못했다. 그러나 이때만큼 레이더 화상의 분해능력이 일반에게 주목을 끈 적은 일찍이 없었다.

레이더의 화상을 공표하게 되면 그 분해능력, 나아가서는 일본의 레이더 기술의 수준을 공표하게 될지도 모른다. 공표 여부를 둘러싸고 여러 가지 논의가 분분했지만 결국은 사고 후 상당한 기간이 지난 후에야 헐레이션(halation)현상이 강한 레이더 화상이 공표되었다. '기밀에 속한다', '공표해야 한다'로 격론을 벌이기 전에 레이더 화상이 재판소에 제출되었더라면 싶다. 그리고 당당하게 훌륭하고 멋진 화상을 제시하여 일본의 높은 기술 수준을 여유를 가지고서 여러 나라에 보여줄 수 있었으면 한다.

: 다기능 레이더

레이더의 성능을 나타내기 위해서는 탐지거리와 분해능력이 중요한 가늠이 된다. 종합적으로 보았을 때 레이더의 성능은 무엇으로 평가될까. 레이더의 성능은 한마디로 말하면 얼마나 많은 정보를 얼마나 짧은 시간에 얻어낼 수 있느냐로 결정된다.

현대는 수많은 비행물체가 하늘을 날아다니고 있다. 레이더에도 숱한 비행물체의 정보를 동시에 얻어내기 위한 다기능, 다목적의 성격이 요구된다. 미지 물체의 수색이나 이미 발견한 물체에 대한 추적에서부터 그 대상을 찾자면 한이 없다.

기계적으로 안테나를 회전시켜 전파빔을 주사(走査)하는 고전적인 레이더에서는 1회전하여 본래의 방향으로 돌아왔을 때는, 그동안에 이미 발견해 놓았던 물체마저 놓쳐버리는 수가 없지 않을 것이다. 그래서 전기적으로 전파빔을 순간적으로 주사하는 새로운 레이더, 위상배열 레이더가 나타났다. 이것은 앞에서 잠깐 언급했듯이 수백 개에서 수천 개의 작은 안테나의 집합으로써 구성된 레이더이다. 이 레이더에서는 이 작은 안테나군(群)으로 얻은 전파정보를 개별적으로 또는 일괄하여 신호처리를 할 수 있다. 그래서 반사경으로 구성된 안테나가 하나밖에 없었던 고전적 레이더보다 훨씬 많은 정보를 얻을 수 있다.

고전적인 레이더를 보통의 망원경에다 비유한다면 위상배열 레이더는 동시에 다방향을 관측할 수 있는 가변배율(可變倍率)의 망원경과도 같은 것이라 할 수 있다. 위상배열 레이더에서는 순간적으로 얻은 미지의 비행물체로부터의 반사전파의 정보를 전자계산기에 집어넣어 그 비행물체의 위치, 소속, 비행목적 등 인간이 필요로 하는 정보를 즉석에서 변환해버린다.

시험 때 커닝을 생각해 보자. 멀리 떨어져 앉아 있는 사람의 답안지가 똑똑하게 잘 보이기만 할 뿐이라면, 즉 탐지거리와 분해능력이 뛰어난 것만으로는 쓸모가 없다. 거기서부터 자기에게 필요한 정보를 순식간에 얻어내는 정보처리 능력이야말로 가장 요구되는 것이다.

현대의 레이더에서는 성능 향상화에 수반하여 그 값이 하늘 높은 줄 모르게 뛰고 있다. 레이더라도 결국은 소모품이다. 거기서 앞으로는 가격이라는 경제적인 관점에서 레이더의 성능이 재검토될 것이라 보여진다.

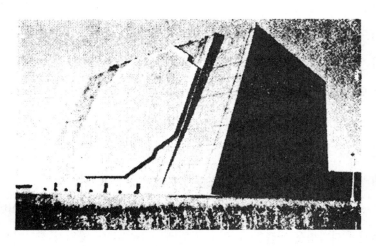

〈그림 5-3〉 현대의 다기능 레이더를 대표하는 미사일 탐지용 위상배열 안테나
: 탐지거리는 2,500㎞ 이상, 주사 범위는 120이라고 한다

2. 레이더의 사각은 어디인가

: 가시거리 내 레이더

TV 만화에서 보는 레이더는 멀리 있는 물체는 무엇이든 모조리 검출하여 비쳐내는 만능장치로 되어 있다. 그러나 현실의 레이더는 아직 그만한 고급장치가 못 된다. 실제의 레이더에서는 레이더 전파가 가닿지 못할 만큼 먼 곳이나 직진하는 마이크로파를 가로막는 산그늘에 있는 물체까지는 검출하지 못한다. 레이더가 쓸모가 있는 것은 직진하는 마이크로전파의 전파로 내다볼 수 있는 가시거리 내의 공간에 한정된다.

빛에다 비유하면 별것 아니다. 레이더 옆에 서서 망원경으로 관측할 수 있는 범위가 바로 마이크로파 레이더로 관측할 수 있는 범위이다. 동그란 지구의 해면을 따라서 멀리까지 나아가면 어느 틈엔가 배가 보이지 않게 된다. 아무리 강력한 레이더 전파를 발사하더라도 내다볼 수 없는 해면 위를 관측할 수는 없다. 멀리 있는 인공위성을 검출하는 레이더라고 한들, 지구의 뒤쪽까지 관측할 수는 없는 것이다.

인도를 향해서 항해하는 배 위에서, 망원경의 위력을 자랑하던 연금술사(錬金術師)의 얘기가 있다.

> 호주머니에서 망원경을 꺼내더니 북쪽의 검은 바다와 남쪽의 희망봉(喜望峰)을 내게 보여 주었다. 꽤 먼 거리인데도 어째서 그런 것이 보이느냐고 이상해하자 그는 이렇게 말하는 것이었다.
> "바다도 지구처럼 둥글기 때문에 적도 위에 있으면 지구에서는 제일 높은 곳에 있는 셈이므로 저렇게 멀리까지 보이는 거다. 여기서라면 수평선 위에 북극과 남극이 잘 보일 거야."
>
> 마르티노 『살아 있는 물길의 향도자』에서

인공위성에서 보는 것도 아닐 테고 그럴 수는 없을 것이라고 지금의 우리는 생각하는데 말이다.

: 가시거리 외 레이더-OTH

그러나 어렴풋하게라도 좋다면 우리가 직선적으로는 관측할 수 없는 곳도 레이더로서는 관측할 수가 있다. 통상적인 레이더에 사용되는 마이크로파의 전파는 전리층을 꿰뚫고 우주로 날아가 버린다. 한편 단파는 전리층에서 반사하여 다시 지구로 튕겨온다. 그래서 단파 레이더를 만들면 관측할 수 없는 둥근 지구의 반대쪽 정보를 전리층의 반사를 이용하여 얻어낼 수 있다.

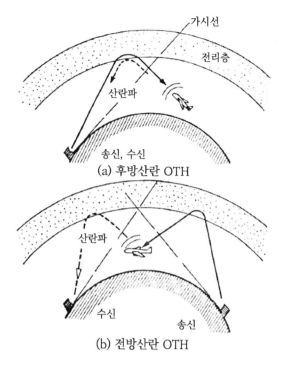

가시선

전리층

산란파

송신, 수신

(a) 후방산란 OTH

산란파

수신

송신

(b) 전방산란 OTH

〈그림 5-4〉 가시거리 외 단파 레이더

어느 연극에선가 적군 장교의 정부로 들어간 여간첩이, 화장을 하는
척하면서 손거울을 들여다보며 등 뒤로 몰래 기밀문서를 훔쳐보는 장면
이 있었다. 또 야간에 전동차를 타고 가다가 등 뒤밖에 보이지 않는 사람
의 얼굴을 창문의 반사를 이용하여 희미하게나마 보게 되는 체험은 누

구나 한 번쯤은 있을 것이다. 이러한 일상적 현상이 레이더 기술에 활용되고 있다. 전리층의 반사를 이용한 단파 레이더는 가시거리 외 레이더 OTH라 불린다. 단파라고 하면 파장이 30m 이상이다. 그 분해능력은 마이크로파의 레이더처럼 물체의 형상까지 뚜렷이 알 수 있을 만큼은 좋지 못하다. 그러나 30m 이상의 크기의 물체라면 어렴풋이나마 어떤 모습으로서 레이더의 화면 위를 통해서 관측할 수 있다.

구체적인 것으로는 대형 항공기와 로켓을 생각할 수 있다. 특히 상승 중인 로켓에서는 분사되는 고온의 가스체가 전리하여 플라스마(plasma) 상태로 되어 있기 때문에 전파의 반사체로 되어 있다. 게다가 로켓이 전리층을 통과할 때는 전리층에 교란이 생긴다. 이 교란은 가시거리 밖 레이더의 단파의 전파로써 정확하게 포착할 수 있을 것이다. 그러나 이 단파 레이더도 만능은 아니다. 자연현상의 영향을 받기 쉬운 데다 또 오로라가 발생하는 곳에서는 이용할 수 없을지도 모른다.

가시거리 밖 레이더의 탐지거리는 수백 내지 수천 ㎞라고 한다.

: 클러터

그렇다면 가시거리 내에 있는 물체라면 반드시 발견할 수 있을까. 대답은 유감스럽게도 부정적이다.

공산권의 전투기 미그25가 1976년 9월에 일본의 북해도에 망명하여 착륙한 사건이 있었다. 이 사건은 일본의 방위 레이더망에 큰 구멍이 뚫려 있었다는 사실을 역력히 보여준 큰 사건이기도 했다.

〈그림 5-5〉 하코다테에 강행 착륙한 미그25

미그25는 공산권을 탈출할 때 추락을 가장하여 급강하한 다음, 고도를 해면 가까이에서 낮춰 공산권 측의 레이더 화면에서 벗어나게 했다고 한다. 해면 나지막이 스칠락 말락 하게 날아서 일본에 접근할 때, 다시 고도를 높이자 일본의 레이더에 포착되었다. 그러나 미그25는 미사일 공격을 두려워하여 다시 고도를 낮추자 일본의 레이더 화면에서 사라져 버렸다.

고도를 낮춰 해면 가까이 날아가면 왜 레이더 화면에 비치지 않을까. 이것은 지구가 둥글기 때문에 레이더가 내다볼 수 없는 공간으로 들어가 버리기 때문이라고만은 말할 수 없다.

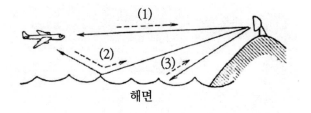

(1) 직접반사파
(2) 해면반사파
(3) 클러터파

〈그림 5-6〉 레이더와 클러터
클러터에는 목표물체의 정보가 전혀 포함되어 있지 않다

해면 가까이에 있는 비행기에 레이더 전파가 부딪쳤을 것은 틀림없다. 또 해면에서 한 번 반사한 레이더의 전파도 기체에 부딪쳤을 것이다. 해면 가까이에서는 직접 부딪친 전파와 해면에 한 번 부딪쳐 반사한 두 개의 전파가 겹쳐져서 서로 간섭을 일으켜 전파를 강화하거나 약화하게 하는 현상이 일어나고 있다. 게다가 해면은 바람으로 끊임없이 흔들리고 있다.

바다의 수평선에 가라앉으려는 붉은 태양이 해면에서 반사되어 번쩍이는 상태를 상상해 보자. 다행히도 사람의 눈은 분해능력이 아주 뛰어나기 때문에 태양 그 자체와 바다에서 반사한 태양의 모습을 구별할 수가 있다. 그런데 만약 여러분이 심한 근시안인 데다 안경마저 쓰지 않았다고

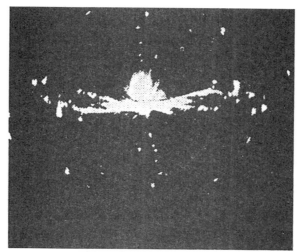

(a) 클러터를 포함한 화상

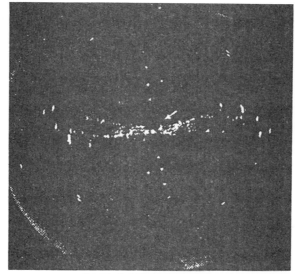

(b) 클러터를 제거한 화상

〈그림 5-7〉 클러터를 포함한 레이더 화상

하면 어떻게 될까. 마이크로파의 레이더로 본 해면 위의 비행기는 마치 그런 상태와 같아서 비행기의 존재를 판단하기 어려워진다.

상공을 향할 때는 무척 성능이 높은 레이더라도 해면을 볼 때는 상공을 볼 때와 같은 성능을 기대할 수 없다.

그뿐이 아니다. 요동하는 물결 그 자체로부터의 클러터(clutter)라 불리는 레이더의 반사전파의 세기는 가벼이 볼 수 없다. 그것은 비행기 본체로부터의 반사전파보다도 훨씬 강하다.

여러분이 밤길을 걷다가 다이아몬드를 떨어뜨렸다고 하자. 회중전등으로 비춰 보면 다이아가 번쩍하고 비쳐서 금방 그 소재를 알 수 있다. 이번에는 도로가 들쭉날쭉한 다이아 유리로 되어 있을 경우를 가정해 보자. 이때는 회중전등을 비추면 근처 일면이 온통 번쩍번쩍 반짝여서 어디에 다이아몬드가 떨어져 있는지 속이 탈 것이 틀림없다.

그런 이유로 해면이나 지표를 스치듯이 나지막이 날아가는 비행기는 지구의 구면성(球面性)이나 클러터 때문에 레이더로 발견했을 때는 이미 코앞에 날아와 있을 것이다. 미그25뿐 아니라 어떤 비행기라도 해면 가까이 스치듯이 날아가면 레이더로는 관측할 수가 없다.

: 조기경계기

그렇다면 해면이나 지표면을 날아가는 비행기는 레이더로는 절대로 발견할 수 없다는 것일까. 불가능하다고 말하면 거짓말이 된다.

그런데 착상을 바꾸어 레이더를 비행기에 싣고, 내려다보듯 하는 형

(a) E-2 조기경계기

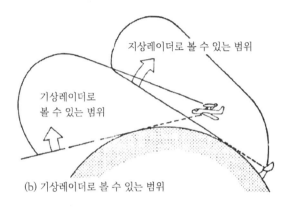

지상레이더로 볼 수 있는 범위

기상레이더로
볼 수 있는 범위

(b) 기상레이더로 볼 수 있는 범위

〈그림 5-8〉 기상레이더 기지와 그 가시 범위

태로 아래를 관측하면 어떻게 될까. 지상에서 내다볼 수 있는 공간보다
는 훨씬 넓은 공간을 레이더로 볼 수 있을 것이다. 클러터의 효과는 하
늘로 올라가더라도 문제로 남는다. 이것을 위해서는 클러터를 방지하

고, 분명히 움직이고 있는 것만을 검출할 수 있는 도플러 레이더(doppler radar)를 이용하면 된다. 도플러 레이더의 원리에 대해서는 제5장에서 언급하겠다.

이와 같은 목적을 위해 하늘을 나는 레이더기지를 공중 조기 경계기 AEW(airborne early warning)라 부르고 있다. 미국에서는 E2C, E3A 등으로 불리고 있는 이런 종류의 비행기에는, 동체 위에 원판 모양이 부착되어 있다. 이 속에 레이더 안테나가 들어 있다고 한다.

: 덕트 발생

해면이나 지표면에서 멀리 떨어져 공중을 나는 비행기가 레이더로는 보이지 않을 때가 있다.

특수한 기상조건일 때, 레이더와 비행기 사이의 공간에 온도의 역전층(逆轉層)이 생겨, 이른바 덕트(duct)라 불리는 전파 반사층이 발생하면 마이크로파의 전파로서는 비행기를 관측할 수가 없다. 이런 상태에서 발사된 레이더 전파는 비행기 바로 앞쪽의 덕트에서 엉뚱한 방향으로 반사해 버린다. 이 전파의 굴절률 이상 현상은 빛에다 비유해서 생각한다면 마치 신기루 현상이 일어나고 있는 상태이다. 신기루가 낯선 먼 세계를 비추듯이 엉뚱한 방향으로 반사한 레이더 전파는 보통으로는 볼 수 없는 물체의 모습을 비추게 된다.

서대서양의 버뮤다제도 부근에서는 비행기가 레이더 화면으로부터 감쪽같이 사라져 버린다는 이야기가 전해지고 있다. 아마도 이 주변은 국

지적으로 덕트가 발생하기 쉬운 곳일 것이다. 하기는 레이더 화면 위에서 홀쩍 종적을 감추어 버리는 것은 UFO에 의해 공간의 변형이 발생한 것이라고 생각해 보는 것도 즐거운 상상일지도 모르겠다.

: 직선편파와 원편파

태풍이 발생하는 계절이 되면 비구름을 머금은 상태가 레이더 화상을 통해 기상예보에서 자주 소개된다. 비구름은 금속물체와 마찬가지로 레이더 전파를 반사한다.

그렇다면 레이더 전파에 포착된 비행기가 이 비구름 속으로 도망쳐 버린다면 어떻게 될까. 보이는 것이라고는 오직 비구름뿐, 성공적으로 도망칠 수 있을까. 이것에 대한 대답은 성공할 수도 있고 완전히 실패할 수도 있다는 것이다.

기상레이더의 전파는 사실은 직선편파라 불리는 전파를 이용하고 있다. 직선편파의 전파가 비구름에서 잘 반사하기 때문이다. 그런데 한편으로는 같은 전파라도 원편파(圓偏波)라 불리는 전파는 비구름에는 반사하지 않고 그것을 통과해 버린다.

원편파란 어떤 것일까. 그것은 제1장에서 설명한 직선편파인 전파 두 개가 서로 포개진 전파이다. 구체적으로는 서로 직교하고 있는 데다 서로의 위치 관계가 1/4 파장만큼 처진 상태의 두 직선전파가 겹쳐진 상태의 전파를 원편파의 전파라고 부른다. 전파의 진행 방향에서 본다면 전계의 움직임이 원을 이루어 돌고 있기 때문에 이와 같이 불린다.

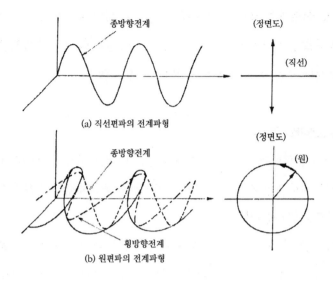

(a) 직선편파의 전계파형

(b) 원편파의 전계파형

〈그림 5-9〉 직선편파와 원편파의 전계파형

이야기를 다시 레이더로 돌리자. 직선편파인 레이더 전파에 포착되었을 때 비행기는 구름에 끼어들어 자기의 모습을 감춰 버릴 수가 있다. 그러나 원편파의 레이더 전파에 포착되는 날에는 비구름 뒤로 숨었다고 하여 안전할 수는 없다.

"이것 참 좋은 말을 들었군. 편파의 성질을 이용한다면 옷 속을 들여다볼 수 있겠구나." ……엉뚱한 생각으로 특허를 따려는 시도는 하지 말았으면 한다.

두꺼운 비구름이 있는 주변은 기류가 나빠 항행을 방해하기 때문에 조종사는 그 위치를 알아두지 않으면 안 된다. 또 한편으로는 비구름 속을 빠져나갔더니 난데없이 저쪽 편에서도 비행기가 접근해오고 있더라……, 이와 같은 접근부지(接近不知, near miss)도 곤란한 일이다. 비행기의 레이더에서는 현재 거의 직선편파밖에는 사용하지 못한다. 그러나 가까운 장래에는 직선편파나 원편파를 다 이용할 수 있게 될 것이다.

3. 레이더를 속이는 기술

: Ecm(전파방해, 기만)

레이더 화면에 보이는 상은 레이더 전파를 반사하는 물체가 있다는 것을 뜻한다. 그러나 화면에 비친 것을 그대로 믿어도 될까.

자연현상을 레이더가 포착했을 때는 그 화면을 믿어도 될 것이다. 그러나 그것을 잘못 판단하게 되면 큰일이다.

옛날에 어느 야간전투에서 물새가 날아오르는 소리를 적의 기습이라고 착각한 대군이 싸우지도 않고 패주해버렸다는 얘기가 있다.

레이더 화면 위에서 철새떼를 발견하고 허둥댄 나머지 '미확인 비행물체가 접근 중'이라고 착각해서는 곤란하다. 제2차 세계대전 중에는 레이더 화면에 이상한 물체가 자주 나타났다. 레이더 기술자들은 그것들을 레이더의 천사라고 일컬었다. 이들의 원인은 대부분이 철새였다는 것이 나중에 보고되었다.

인간이 만든 것으로부터 오는 반사전파에 대해서는 어떨까. 레이더 화면 위에서도 한 번쯤 생각해 볼 필요가 있다.

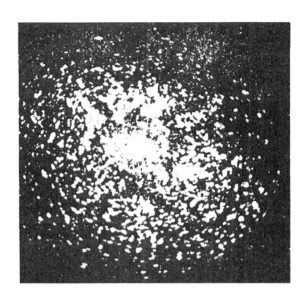

〈그림 5-10〉 철새 무리의 레이더 화상
: 레이더 천사로 불린 정체불명의 영상은 실은 철새들로부터의 반사파인 경우가 많다

현대는 레이더의 존재를 무시한 전투라는 생각조차 할 수 없다. 전투 직전의 정보 수집은 레이더가 한다고 해도 지나친 말이 아니다. 그 때문에 전자전(電子戰)이니 전파전이니 하는 말이 생겼을 정도이다. 레이더에 대한 방해나 기만, Ecm(electronic counter measures)도 뒤집어보면 관계자에게 있어서는 중요한 문제이다. 그것은 또 전자방해대책 ECcm(electronic counter-counter measures)까지도 포함하기 때문이다.

그러면 레이더를 기만하는 방법, 그것은 어떤 것에서 시작될까.

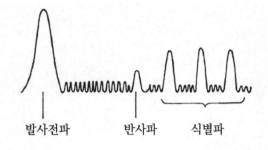

발사전파　　　반사파　　식별파

〈그림 5-11〉 2차 레이더 전파를 포함하는 레이더 수신파형
: 반사파의 목적을 표시하고 식별하는 펄스열은 잘못 보면 비행기 군
으로 보인다

: 2차 레이더 방해, Jamming

　태평양전쟁 때의 일이다. 1945년 2월에 남지나해에서 행동 중이던 일본 해군의 군함 '이세(伊勢)'의 레이더 화상이 연합국 측 비행기의 대편대를 포착했다. 집중 공격을 피하도록 즉각 함대를 산개시켰는데 수분 후에 단 한 대의 B24 폭격기가 함대 위를 날아갔을 뿐이었다. 어찌 된 일일까.

　이 수수께끼는 곧 풀렸다. B24에는 적과 아군을 식별하기 위한 2차 레이더 IFF(identification friend or foe)가 장치되어 있었던 것이다. 제2차 레이더란 레이더 전파를 수신하면 그것에 맞추어서 곧 독자적인 펄스 코드(pulse code)의 전파를 되돌려 보내 그 비행기의 성격이나 목적을 레이더 전파의 송신 측에 알려주는 레이더를 말한다. 일본 측은 B24 폭격기 본체

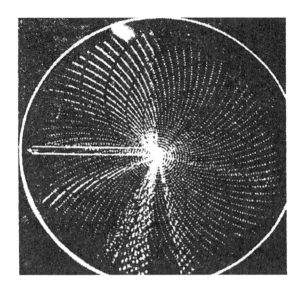

〈그림 5-12〉 레이더 전파의 상호간섭 패턴
: 동일 주파수의 레이더 간의 상호간섭은 서로의 관측을 방해한다

의 레이더 반사파와 동시에 B24 자체가 발사하는 불필요한 독자적인 2차 레이더의 펄스열(列) 전파까지 수신했기 때문에 순간적으로 대편대라고 착각한 것이다.

이 2차 레이더가 레이더 화상을 기만하는 데 이용될 수 있는 것은 분명하다. 레이더 전파를 수신했을 때 인공적으로 만들어진 반사전파(?)를 시간을 늦추어서 되돌려 보내면 레이더 화면 위에서는 실물의 뒤쪽을 날고 있는 비행기로 생각하게 하는 거짓상(假像)을 만들 수 있다.

〈그림 5-13〉 검은 비행기 U2

그리고 이 2차 레이더는 더욱 진보한 레이더 방해법을 낳게 했다.

제2차 세계대전 중에 연합국 측의 2차 레이더가 고장을 일으켜 강력한 전파를 펄스가 아닌 연속적인 상태로 발사하고 만 것이다. 이때 레이더 화면에는 무척이나 밝은 점이 나타날 것이라고 생각했는데, 어쩐 일인지 화면이 온통 하얗게 되어버려 레이더로서는 전혀 쓸모가 없어져 버렸다고 한다. 이 결과는 좀 기이하게 생각되겠지만 당연한 일이었다. 강력한 연속전파가 공간에 남김없이 비행기가 존재하는 상태를 만들어내고 있는 것이라고 말한다면 쉽게 이해할 수 있을 것이다.

또 동일 전파를 이용한 레이더 사이의 상호간섭에서는 레이더 화면 위에 토끼 발자국과 같은 점떼(点群)가 나타난다.

이 사실에서 힌트를 얻은 레이더의 장님 만들기 작전을 가리켜 재밍(jamming)이라고 부른다.

바다에 떠 있는 작은 배가 석양이 질 때는 해면이 눈이 부시도록 번쩍이기 때문에 보이지 않게 되는 일이 있다. 이것은 분명히 석양이 우리의 눈에 재밍을 걸고 있는 것이다.

: U2와 전파 흡수체

아직도 첩보 위성이 실용화되지 않았던 1960년 5월의 일이다. 터키를 출발한 미국 고층 기상연구기 U2가 공산권 안에서 미사일에 의해 격추된 사건이 있었다. 그 결과 U2는 기상연구기가 아닌 사진정찰을 위한 첩보기라는 사실이 드러났다. U2의 비밀임무는 고성능 카메라를 싣고 전투기나 미사일이 도달할 수 없는 초고도로 비행하면서 다른 나라 상공으로 침입하여 항공사진을 촬영하는 일이었다.

이 U2기는 기체가 검게 칠해져 있었다. 소문에 의하면 검은 것은 전파 흡수체였다고 한다.

벽을 향해 공을 던지면 세차게 반사하여 튕겨 나온다. 그렇다면 네트를 향해 던지면 어떻게 될까. 공은 아래로 툭 떨어지고 만다. 전파와 전파흡수체와의 관계는 마치 이 공과 네트의 관계와 비슷하다. 전파흡수체는 주로 탄소가루나 특수한 산화물질을 성형하여 만들어진다. 여기에 당도한 전파는 탄소 등의 속으로 흡수되어 열에너지로 변환되고 만다.

U2에 전파흡수체가 칠해져 있었다면 U2에 부딪히는 레이더 전파의

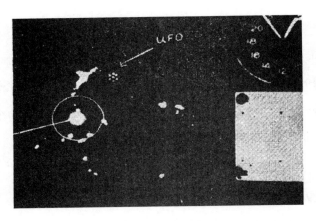

〈그림 5-14〉 UFO란? 1954. 7. 3에 버뮤다 앞바다에 나타난 5개의
괴물체 레이더 화상: 여러분은 UFO라고 생각하는가

대부분은 이 전파흡수체에 흡수되고, 기체에서 반사되는 전파는 극히 소
량이 된다. 초고공을 나는 U2의 레이더 반사파가 적기 때문에 거기에 비
행기가 있다는 사실조차도 레이더 화면 위에서는 판정하기 어려웠을 것
이다.

전파흡수체를 붙여 레이더 반사파를 적게 하는 방법은 별로 신기한 것
이 아니다. 사실은 이것도 제2차 세계대전 중에 고안된 것이다.

제1차 세계대전에서는 '바다의 늑대'라고 두려워한 잠수함도 제2차
세계대전 후반에 와서는 레이더로 인해 사나운 이빨이 뽑히고 말았다. 야
간에 부상하여 산소를 보급하는 현장을 레이더가 포착할 수 있다. 또 주

간에 바닷속에 잠겨서 적을 노리고 있을 때도 잠망경으로부터의 레이더 반사파로 그 위치가 검출되고 만다. 이러한 레이더에 대한 대책으로 전파 흡수체로 잠망경과 사령탑을 둘러씌우는 방법을 생각해냈다.

여기서 잠깐 화제를 돌리기로 하자. 그 존재가 사실인지 아닌지는 일단 접어두고라도, 이상한 비행물체 UFO가 세상에서는 여러 가지로 화제가 되고 있다. 얼마 전 한국에서도 UFO가 나타났다고 해서 큰 화제가 되었다. 가령 UFO가 존재한다고 생각했을 때, 그것을 레이더로 검출할 수 있을까.

레이더 화면에 이상한 고속도 비행물체가 비쳤다는 이야기는 UFO의 존재를 긍정하는 주장자들 사이에서는 여러 가지로 얘기가 오가고 있다. 또 눈으로는 UFO를 볼 수 있는데도 레이더 화면에는 비치지 않았다는 야릇한 이야기도 있다. 아까 말한 한국에서의 UFO 소동 때도 공군의 레이더에는 비치지 않았다고 한다. 이와 같은 이야기들은 도대체 어떻게 분석해야 할까.

'목격자'의 말에 따르면 UFO는 비행 중에 여러 가지 색깔로 빛을 내고 있다고 한다. 가령 그렇다고 한다면, 어쩌면 전자기적인 에너지를 이용하고 있는 것이 아닐까. 그렇다면 UFO 주위의 기체는 플라스마화 하고 있는 것이라 생각된다. 이 플라스마층에 의해서 레이더 전파가 흡수되거나 이 플라스마층이 렌즈와 같이 작용하여 엉뚱한 방향으로 전파, 반사할 가능성도 있다. 그렇게 생각한다면 UFO가 레이더에 관측되지 않더라도 이상할 것이 없다. 그러나 UFO의 존재를 입증하고 싶은 사람들로는 육안이나 레이더로 동시에 관측되는 것이 훨씬 신뢰성이 높다는 것은 말할 나위도 없다.

: 채프

상공을 나는 비행기는 레이더에 포착된다. 어차피 레이더 화면에 걸려들 바에는 좀 화려하게나 비치면 어떨까. 전파를 강하게 반사하는 길쭉한 알루미늄박(箔) 조각들을 살포하는 것이다. 그렇게 하면 레이더 화면 위에서는 그 부분에 커다란 전파산란체가 나타나서 비행기의 그림자는커녕 레이더의 관측 자체가 불가능한 상태가 된다.

손오공이 한 줌의 털을 뽑아 훅하고 내뿜자 수천의 손오공이 나타나 어느 것이 진짜인지 분간할 수 없다는 것과 마찬가지인 셈이다. 이 채프(chaff)라 불리는 알루미늄박도 제2차 세계대전 중에 이용되었다.

: 확대해 보인다

레이더 전파를 강하게 반사하면 그 물체는 레이더 화면 위에서 커 보인다. 그래서 레이더 전파를 강력하게 반사하는 특수한 형상을 한 전파반사체를 경비행기에 실으면, 레이더 화면 위에서는 당당한 점보(jumbo)기로 보이게 된다. 일종의 비행기 유인작전인 셈이다.

그런데 지금은 바야흐로 경제수역 200해리(海里) 시대를 맞이하고 있다. 우리는 이제 그 영해 위에서 일어날 문제들에 대해서도 재치 있게 대처하지 않으면 안 될 것이다.

〈그림 5-15〉 제2차 세계대전 중에 이용된 채프

　이를테면 해난을 당했을 때 구명보트를 찾아 나선다고 하자. 그 해역의 기상이 나쁘고 시계가 좋지 않을 때는 정말로 끈질긴 인내와 노력이 필요하다. 구명보트에 무선기나 전파로 SOS를 알려주는 라디오부이(radio buoy)가 있으면, 그것에 의지하여 구조할 수도 있다. 그러나 그와 같은 장치도 전지가 다 소모되거나 장치 자체가 파도에 휩쓸리거나 하면 이제는 의지할 것이라고는 오직 육안뿐이다.

　그래서 단시간에 넓은 해역의 수색을 가능하게 하기 위해서는 구명보트에 레이더 전파를 강력하게 반사시키는 장치를 설치하려는 시도가 행해지고 있다.

이 레이더 전파의 반사 장치란, 입사전파의 방향을 꺾어서 본래 왔던 방향으로 되돌려주는 구조와 재질(材質)의 것이라면 어떤 것이라도 이용할 수 있다. 가장 간단한 것은 서로 90도 각도로 꾸며 맞춘 세 장의 금속판이다. 이 세 장의 거울에 입사하는 전파는 세 장의 거울에 반사되어 본래에 왔던 그 방향으로 정확하게 되돌아간다.

거울로 태양광선을 반사하여 자기가 있는 위치를 알려주는 것은 예로부터 흔히 써왔다. 이 원리를 기상상태와는 상관없이 가능하게 한 것이 레이더와 반사체가 보여주는 관계인 것이다.

4. 레이더와 속도위반

: 쥐잡이

이번에는 자동차의 운전과 관련된 이야기를 하겠다. 젊은 사람들이나 운동신경이 발달한 사람들에게는 도로교통법에 규정된 제한속도는 답답하고 성에 차지 않는다. 그래서 과속으로 달리기 쉽다. 자기 혼자만 쓰는 전용도로라면 몰라도, 어쨌든 여러 사람이 이용하는 공용도로이다. 종합적인 견지에서 속도가 제한되고, 당연한 일로 속도위반은 단속을 받게 된다. 이 목적을 위해 고안된 것이 이른바 '쥐잡이'라 불리고 있는 도플러 레이더(Doppler radar)이다.

이 레이더의 원리는 구급차나 순찰차의 사이렌이 가까워졌을 때는 높게 들리고, 그것이 멀어졌을 때는 낮게 들린다는 이른바 "도플러효과"로 불리는 현상을 이용하고 있다. 레이더 전파를 자동차에 부딪쳐서 반사파의 도플러효과와 반사전파의 주파수의 증감을 조사하면 차의 속도를 정확히 알아낼 수 있다.

이 도플러 레이더는 군이 자동차만 상대할 필요는 없다. 요즘 인기를 끌고 있는 프로야구에서 투수가 던지는 공이나, 스키 점프 선수들의 속도를 측정하는 데도 이용되고 있다.

도플러효과에서는 움직이지 않는 것과 정지해 있는 것은 검출할 수가 없다. 그래서 이것을 이용하여 레이더 화면 위에서 정지해 있는 것과 움직이고 있는 것을 구별하고, 다시 움직이고 있는 것만을 가려내 화면 위에 표시할 수도 있다.

: '쥐잡이'를 벗어나는 대책?

그래서 젊은 속도광 중에는 어떻게 하면 이 도플러 레이더에 대항할 수 있을까 하고 머리를 짜게 된다.

자동차로부터 오는 전파의 반사를 약화시켜서 잘 검출되지 못하게 하는 것도 한 방법이다. 예로 들었던 '검은 비행기' U2처럼 전파흡수체로 차를 둘러싸면 어떨까. 그런 점에서는 요즘 시장에 나돌고 있는 펠라이트(ferrite)를 이용한 재료를 쓴다면……하고 생각할 것이다.

그런데 이 방법으로는 불가능하다. 펠라이트 전파 흡수체의 중량이 여간 무겁지 않기 때문이다. 이것을 자동차에 둘러쳤다고 하면 단속하는 경찰관 앞을 이봐라는 듯이 아무리 잽싸게 빠져나가려 해도, 제한속도조차 제대로 내지 못하는 육중한 차로 변할 것이다. 또 초단파에 대해서는 만능이라고 하는 펠라이트의 전파흡수 효과도 마이크로파에 대해서는 기대할 수가 없다.

〈그림 5-16〉 자동차를 쏘아보는 스피드미터

이런 사실을 알고 나서도 그래도 굳이 전파흡수체를 둘러보겠다는 사람이 있다면 그야말로 알아줘야 할 사람일 것이다.

그렇다면 레이더 전파를 재빨리 도청, 검출하여 속도를 낮추어 단속관 앞을 통과하면 어떨까. 사실 외국에는 이와 같은 별난 장치를 시판하고 있기도 하다. 전파를 도청하는 것이므로 전파를 발사하는 것과는 달라 전파법에 위반도 되지 않는다.

그러나 이런 간단한 장치로 잘 될까. 레이더 전파를 도청했을 때는 과속으로 달리는 차의 속도가 이미 단속관에게 측정당한 뒤가 아닐까.

전파의 전파(傳播)방법에 밝은 사람은, 레이더 전파가 자동차나 주위의 건물에서 반사하는 전파를 검출하면 되지 않겠느냐고 생각할지 모른다. 그런데 이와 같은 산란전파는 레이더의 전파빔 안에서 수신되는 전력보다도 훨씬 작다는 것을 알아야 한다. 그래서 '쥐잡이' 레이더 수신기의 10배 이상이나 되는 감도를 가진 수신기를 장치한다면 불가능한 이야기는 아닐 것이다. 그러나 이를 위해 '쥐잡이'의 몇 곱절이나 비싼 수신기를 구입해야 한다. 자동차보다 값이 비싼 전자장치를 차에 싣고 다니겠다는 사람은 아무리 생각해도 웃음거리밖에는 안 될 것이다.

일본에서는 과속으로 달리던 속도위반 운전자 중에 시중에서 팔고 있는 도청장치 덕택에 살았다(?)고 말하는 사람이 있는 듯하다. 하지만 이것은 아마 단속관이 레이더를 설치할 장소를 잘못 택했거나 아니면 레이더의 출력조정이 잘 안되었기 때문에 어쩌다가 운 좋게 걸려들지 않았을 뿐일 것이다.

어쨌든 돈만 들인다면 '쥐잡이' 전파에도 대책이 없는 것은 아니다. 그보다는 그런 데 드는 돈을 고급 차를 사는 데다 돌려서 연인을 태우고 이것 보라는 듯이 자랑도 할 겸 느릿느릿 돌아다니는 것이 차라리 안전하고 낫지 않을까.

6장

전파로 지구의
이상을 파악할 수 있을까

지구 전체의 색조와 외관이 몹시 변했을 뿐만 아니라

지구의 지름이 분명히 작아진 것을 알아챘다.

눈에 보이는 지구, 전역이 정도의 차이는 다소 있을망정, 일면에 연한 노랑

빛깔을 띠고 어떤 부분은 찬연하게 반짝여 눈이 따가울 정도였다.

포우 『한스 쁘빠르의 비할 바 없는 모험』에서

1. 전파로 땅속을 볼 수 있을까

: 지표면 바로 밑을 관측

우주로 탐사선을 보내는 시대임에도 어쩌면 우리 조상들이 후손을 위하여 몰래 땅속에 묻어 두었을지도 모를 금은보화를 발견할 수 없다는 것은 조금 화가 치미는 노릇이다.

땅속의 상태는 여러 가지 방법으로 알 수 있다. 여기서는 땅속의 전기적인 성질에만 국한하여 생각해 보기로 한다.

대지의 전기적 성질은 대지에 전파나 전류를 흘려보내야 비로소 알 수 있다. 대지 속에서는 전파가 감쇠하기 쉽기 때문에 땅속의 성질 따위는 모를 것이라고 생각하기 쉽다. 그러나 아무리 감쇠가 크다고 하더라도 지표면 바로 밑부분이라면 전파의 강도가 아직은 충분하리만큼 크다.

펄스전파를 지표로부터 땅속으로 쏘아 넣고 그 반사파로써 땅속의 성질을 조사하는 지중레이더를 생각할 수는 없을까. 땅속 전파의 감쇠만을 생각하는 나머지 얼핏 불가능하다는 생각이 들 것이다. 그러나 사실은 꽤

효과적이다.

단파의 전파를 땅속으로 쏘아 넣으면 지하 1m에 묻혀 있는 플라스틱관을 발견할 수 있다. 금속관이 아니고 플라스틱관을 알아낼 수 있다는 것은 지중 펄스레이더의 유망성을 증명하는 것이다.

1m쯤의 지하라면 파보면 금방 알 수 있을 텐데 하고 생각할지 모른다. 물론 파묻혀 있는 위치를 안다면 간단한 일이다. 그러나 그 위치를 모를 때는 마구잡이로 여기저기를 온통 파헤쳐 볼 수밖에 없다. 이 레이더로서는 지하 20m까지라면 터널의 존재도 검출할 수 있다.

그런데 '살얼음을 밟는 느낌'이라는 말이 있다. 자칫 잘못하여 얄팍한 얼음판을 디뎠다가는 얼음이 갈라져 물속으로 풍덩 빠지고 만다. 막대기로 얼음 위를 두들겨 보면 그 두께를 감촉으로 어느 정도는 짐작할 수 있어도, 그렇게까지 가까이는 다가갈 수 없다. 얼음이 직접 드러나 보일 때는 그런대로 좋다. 그러나 얼음이 눈 밑에 깔렸다면 손을 들 수밖에 없다. 이럴 때 홀로그래피(holography) 기술을 이용한 HISS 레이더라는 특수장치로 얼음의 두께를 측정할 수 있게 되었다. 예를 들어 무게가 있는 비행기가 북극권의 얼음판 위에 착륙할 때 이 HISS 레이더는 빼놓을 수 없는 필수품이다.

달에 착륙한 '아폴로 계획'에서는 달의 대기 속의 전기적 특성이 조사되었다. 착륙선으로부터 발사한 전파를 월면차(月面車)로 이동시켜 가면서 수신한다. 이 수신전파를 분석하면 달의 표면과 월면 밑의 전기적인 구조를 알 수 있다.

〈그림 6-1〉 달 착륙선과 월면차

만약 월면 밑에 전기적으로 성질이 다른 층이 있으면 그 층에서 반사한 전파는 달의 표면까지 되돌아온다. 거기서 월면차로 수신한 전파로부터, 착륙선으로부터 공간을 전파하여 직접 오는 전파와 월면에서 반사하여 오는 전파를 빼면 땅속의 정보를 가진 전파가 검출된다.

: 맨틀을 관측

지구를 날달걀에다 비유하면 딱딱한 지표 밑에는 흰자위라고 할 수 있는 비교적 연한 맨틀(mantle) 부분이 있다. 이 맨틀 속에는 땅속 깊숙이

400~600km쯤 들어가면 전기 전도도가 갑자기 변화하는 곳이 있다.

이와 같은 지구의 깊숙한 부분의 일을 어떻게 조사했을까. 전파는 감쇠가 크기 때문에 땅속 깊이는 침입할 수가 없다. 그러나 극초장파라 불리는 주파수 수백 Hz 정도의 전파는 맨틀까지 깊숙이 침입한다.

이와 같이 낮은 주파수의 전력을 어떻게 관측할까. 인공적으로는 맨틀까지 침입할 수 있을 만한 대전력의 전파를 만들 수가 없다. 그래서 지구자기 폭풍 때 지구자기의 변동이 일어날 때 관측하는 극초장파를 이용하고 있다. 이 정도로 얘기가 웅장해지면 옛 조상이 묻어 놓은 금은보화쯤이야 아무려면 어떠냐는 생각이 든다.

2. 위성에서 내려다보는 지구

: 측방관측 영상 레이더(SLAR)

레이더가 세상에 나타났을 때 애초의 목적은 물체를 검출하는 데 있었다. 그러나 그 후 기술의 진보는 단순히 검출에만 그치지 않고 그것의 영상화(映像化)에도 성공했다.

제2차 세계대전 중에 완성한 PPI(plane position indicator) 화상이라 불리는 레이더에서는 일단 해안선이나 산맥을 비출 수 있었다. 우리가 지도를 볼 때와 같은 시각적인 파노라마식 화상이다. 그러나 세부까지 분명하게 보이는 것은 아니었다. 당시의 레이더의 분해능력이 그리 좋지 않았기 때문이다.

제2차 세계대전 후 펄스 압축이라는 새로운 기술이 개발되었다. 이것을 사용하면 레이더 전파가 진행하는 방향에는 1m의 차이를 검출할 수 있을 만큼 고도의 거리분해능력을 가진 화상을 얻을 수 있다. 그래서 이번에는 레이더 주사 방향의 거리와 각도의 분해능력을 높여주자 레이더

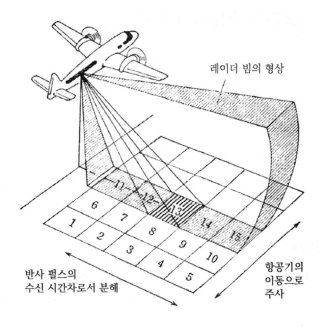

레이더 빔의 형상

11 12

6   7

1   2   13

8   9

3   4   14

5   10   15

반사 펄스의
수신 시간차로서 분해

항공기의
이동으로
주사

〈그림 6-2〉개구 측방관측 영상 레이더: 레이더 전파로부터도 지도를
제작할 수 있다

로 지도를 그려낼 수 있게 되었다. 이 주사 방향의 분해능력은 레이더 전
파의 주사 방향의 빔폭과 관계되고 있기 때문에 안테나의 가로 너비가 길
수록 분해능력이 좋아진다.

안테나가 회전하는 방식의 레이더에서는 안테나의 크기에도 한도가
있다. 그렇다면 비행기의 측면을 이용하여 가로로 긴 안테나를 만들고 비

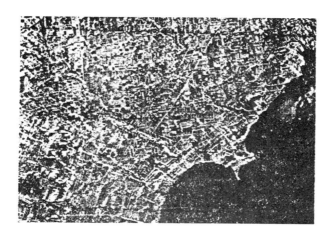

〈그림 6-3〉 개구합성 레이더에 의한 디트로이트의 모습

행기를 비행시키면서 레이더의 전파빔을 주사하는 방법이라면 어떨까. 이것이라면 주사 방향으로도 분해능력이 좋아진다.

이렇게 해서 고안된 기상(機上)용 레이더를 측방관측 영상레이더 SLAR이라고 일컫는다. 또 비행기의 기다란 측면을 이용해도 똑똑한 화상을 얻지 못할 때는 기상에서 얻은 레이더 반사전파를 계산기로 처리하여, 더 선명한 화상을 얻어내는 방법도 있다. 이 방법을 개구합성(開口合成) 레이더 SAR(synthetic aperture radar)라 한다.

높은 곳에 올라가면 전체를 파악할 수 있고 지상에 있을 때와는 색다른 정보를 얻을 수 있다. 비행기나 인공위성에 실린 영상레이더는 바다

위의 선박을 관제하는 데는 안성맞춤이다. 태양광선과는 달리 레이더 전파는 말하자면 인공광선이다. 낮이건 밤이건, 비가 오건 구름이 있건 언제든지 지표를 관측할 수 있다. 이것이야말로 200해리 경제수역 시대의 슈퍼맨이라고 할 수 있지 않을까. 1978년 6월에 발사된 SEASAT-A 위성의 개구합성 레이더는 고도 800㎞인 곳으로부터 지상에 있는 25m 이상의 물체를 검출하는 능력을 가졌다.

영상레이더의 본래의 목적은 전파 항공사진에 의한 지도의 작성이다. 늘 구름에 덮여 있는 적도 지대의 정글이나 산악, 일조량이 적은 극지대 등의 지도는 이 전파기술 덕분에 완성된 것이다. 그리고 현재는 지형, 지질, 식생(植生), 수문(水文), 해양, 별난 것으로는 고고학의 연구에도 영상레이더가 적극적으로 이용되고 있다. 그리고 그 분해능력은 10m 이하라고 한다.

: 원격탐사

우리가 볼 수 없는 것이나 느낄 수 없는 것의 정보를 기술의 힘을 이용해 얻어내는 방법을 원격탐사(remote sensing)라 일컫는다.

서양에서는 연금술사가 두 가닥으로 갈라진 나뭇가지를 이용하여 땅속에 있는 물길을 찾아내는 그림이 남아 있다. 이런 나뭇가지는 지금으로 말하면 일종의 원격탐사용 검출기라 할 수 있을 것이다.

당연한 일이지만 전파기술을 이용해서도 원격탐사가 가능하다. 알고자 하는 것으로부터 자연히 복사되고 있는 전파를 수신하여 정보를 얻어

〈그림 6-4〉 15GHz의 라디오미터로서 고도 2000m에서 내려다본 발티모어의 공장지대

내는 기술을 수동(受動)센싱이라 한다. 그리고 이쪽에서 알고자 하는 것에 전파를 보내고 그 반사전파나 투과전파를 수신하여 분석하는 방법을 능동(能動)센싱이라 한다.

입학시험이나 취직시험 때의 면접을 상상해 보자. 그 사람의 버릇이나 몸짓 등의 외관으로 판단하는 것이 수동센싱이고 질문을 던져 그 응답방법이나 그때의 반응상태를 살펴보고 상대를 판단하는 것이 능동센싱이라 할 수 있다. 또 카메라는 수동센싱의 전형적인 것이며 레이더는 능동센싱의 대표적인 것이다.

이 전파 리모트센싱 기술은 자원, 에너지, 환경 등과 같이 현대를 살아가는 우리의 생존과 생활을 풍요롭게 하는 지침을 주는 데 있어서 없어서는 안 될 것이라고 말할 수 있다.

: 라디오 측정법

보이지 않는 것을 보려고 하는 마음은 리모트 센싱의 정신이다.

여러분의 카메라에 적외선 필름을 끼우고 적색 필터를 부착하자. 그리고는 바닷가로 나가 그 카메라로 빨간 색깔의 수영복을 입은 사람을 찍어보자. 그러면 실오라기 하나 걸치지 않은 알몸이 필름 위에 찍혀 있을 것이다. 이런 얘기가 한때 화제가 된 적이 있었다. 이 적외선을 이용한 수동 센싱이 성공할지 어떨지는 여러분에게 맡겨 둔다. 빛이나 적외선이라면 몰라도 물체로부터 자연으로 전파가 복사되고 있을까.

사실은 전파가 나오고 있다. 가열된 물체로부터 적외선이 복사되고 있듯이 물체의 온도에 따라 저마다 전파가 복사되고 있다. 차가운 것에서부터는 파장이 긴 전파가, 그리고 뜨거운 것에서는 파장이 짧은 전파가 복사되고 있다. 얼핏 보기에 기이하게 생각되는 이 얘기는 어려운 흑체복사(黑体輻射)라는 이론을 조금만이라도 알고 있는 사람에게는 아무 저항 없이 이해되리라고 생각한다.

이와 같은 자연복사 전파를 수신하여 전파 사진이라고도 할 만한 것을 촬영하는 기술을 라디오 메트리(radio metry)라 일컫는다. 최근에는 특히 인공위성으로부터 지표를 관측하는 라디오 측정법이 연구되고 있다. 전파의 자연복사 상태는 그 물체의 표면 온도뿐만 아니라 표면의 거칠기, 함수율(含水率), 성분조성(成分組成)에 따라서도 다르다.

라디오 메트리를 사용하여 지표의 각종 정보를 얻을 수 있다. 해양에서는 해면의 온도, 염분의 농도, 파랑, 해빙(海氷), 해상풍, 눈, 얼음 등이고,

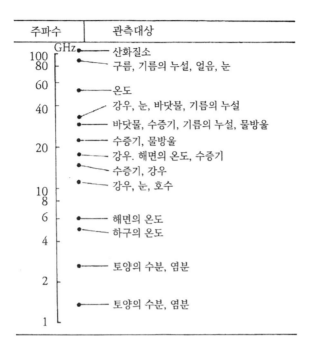

주파수	관측대상

- 산화질소
- 구름, 기름의 누설, 얼음, 눈
- 온도
- 강우, 눈, 바닷물, 기름의 누설
- 바닷물, 수증기, 기름의 누설, 물방울
- 수증기, 물방울
- 강우. 해면의 온도, 수증기
- 수증기, 강우
- 강우, 눈, 호수
- 해면의 온도
- 하구의 온도
- 토양의 수분, 염분
- 토양의 수분, 염분

〈그림 6-5〉 마이크로파 라디오 메트리의 관측대상

육상에서는 지표의 온도, 토양의 함수율, 적설 등을, 또 대기 속에서는 기온의 고도분포, 수증기의 양, 구름 속의 물방울, 강우, 눈, 구름 등으로, 측정 가능한 대상은 광범위에 걸쳐 있다. 이 지표의 라디오 메트리 정보를 얻기 위해 1975년에는 NIMBUS6과 COSMOS가, 1973년에는 SKYLAB이, 1978년에는 SEASAT -A 위성 등이 이용되었다.

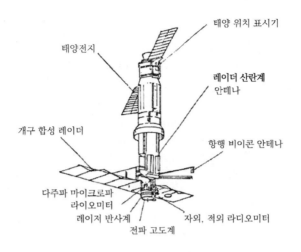

태양 위치 표시기

태양전지

레이더 산란계
안테나

개구 합성 레이더

항행 비이콘 안테나

다주파 마이크로파
라이오미터

레이저 반사계

자외, 적외 라디오미터

전파 고도계

〈그림 6-6〉해양관측에 위력을 발휘하는 SEASAT 위성

: 레이더 원격탐사

자연의 전파를 이용하는 라디오 메트리에서는 기상상태뿐만 아니라 낮과 밤, 또는 계절의 변동 등에 영향을 받는다. 그런데 레이더 고도계나 레이더 산란계 등 전파를 이용하는 능동센싱에서는 자연상태와는 관계없이 정보를 얻을 수 있다.

전파를 이용하고 있기 때문에 적외선도 통과하지 못할 만큼 두꺼운 구름을 통해서 저쪽 상태를 관측할 수도 있다. 전파는 극히 근소하게나마 지면 아래로도 침입한다. 그래서 지표 바로 밑의 상태까지도 알 수가 있

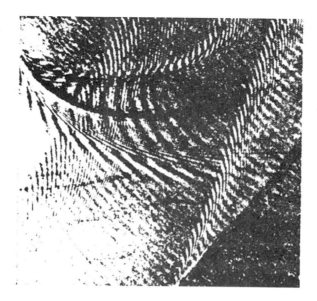

〈그림 6-7〉 상공에서 내려다본 바다 위의 파문. 파문은 전파산란에 민
감하다고 말하는데……

다. 이들 정보는 많은 주파수로 동시에 측정하거나 편파의 성질을 이용하
거나 하면 더욱 세세한 곳까지도 조사할 수 있다.

현재는 해양개발에 관심이 쏠리고 있는 시대이다. 인공위성으로부터
지구를 관측한 마이크로파의 능동센싱에서는 해표면(海表面)의 풍향은 20
도 이내의 오차로, 또 풍속은 초속 ±2m 이하의 정밀도로 측정할 수 있

다. 파랑에 대해서도 풍파, 중력파, 표면 장력파를 식별하여 파랑의 파장과 방향, 해양류(海洋流), 해일, 고조(高潮)를 관측할 수 있다. 이때 파고에 대해서는 10㎝의 오차로 측정이 가능하다니까 참으로 놀라운 일이다.

또 최근에는 해양조사를 목적으로 한 중파나 단파의 레이더도 연구되고 있다. 이 해안에 설치되는 레이더에서는 바다 위 수천 ㎞ 범위의 파고와 파향, 해상풍 따위의 현상을 측정한다. 이 레이더로써 얻는 정보는 어업이나 해난구조 등에 활용되고 있다.

파랑 현상은 그 파장의 갑절의 파장인 전파에 민감하다. 레이더 반사전파로부터 더 자세한 파랑의 성질이나 선박의 항적(航跡) 등을 검출할 수는 없을까 하고 연구가 진행되고 있다.

3. 중간층 대기와 이상기상

: 이상기상

우리가 사는 곳은 춘하추동 계절의 변천이 각별하다. 그래서 살기 좋은 곳이라 하지 않는가.

꽃이 피는 시기를 예보하는 일에서부터 숱한 혜택을 주고 있는 기상학(氣象學)은 제2차 세계대전 후에 두드러지게 진보했다. 요즘 시대에는 그리스의 에피쿠로스를 흉내 내어

달무리는 대기가 사방으로부터 달을 향해 접근하기 때문에도 생기고, 또 대기가 달에서 발생하는 유체(流休)를 균등하게 저지하여 이 유동체를 완전히 차별 없이 이런 구름과 같은 테(輪)로 만들기 때문에 생기는 수도 있다.

에피쿠로스 『설교와 서한』에서

라는 말을 해보았자 그저 웃음만 살 뿐이다.

　지구는 정말 멋진 곳이다. 행성 탐사선이 찍은 지구의 형제들 사진을 볼 때마다 그런 생각이 더해진다. 그러나 최근 10년 동안에 우리 지구에는 별난 일이 일어나기 시작하고 있다. 이유는 분명하지 않으나 이 지상에 이상기상이 발생하기 시작하고 있다. 여름에 일어나는 이상냉기나 이상열파, 겨울에 일어나는 집중적인 폭설이나 봄 같은 이상난온, 심지어는 사막 주변 지역의 이상한발 등, 하여튼 뭔가가 비뚤어지기 시작하고 있다. 이것은 현대의 기상학자들에게는 큰 골칫거리이다. 과연 이상기상의 원인이 우주에 있는 것일까, 지구에 있는 것일까, 아니면 우리 인간에게 있는 것일까.

　기상현상은 아직도 인간의 차원에서는 마음대로 다룰 수 없는 것이다. 우리는 이상기상을 어쩔 수가 없다. 그러나 그것을 미리 알기만이라도 할 수는 없을까. 그런데 지구환경 가운데서 지금까지 거의 관측되지 않은 곳이 있다. 이곳은 성층권과 전리권 사이의 중간권이라 불리는 지상 50km에서 100km 사이에 있는 공간이다. 그리고 이 미관측 세계에 관해서는 누가 발설한 것인지는 몰라도 소문이 나돌기 시작했다. 중간권을 측정하면 이상기상의 조짐을 파악할 수 있을지 모른다고—.

: 유성 산란레이더

　무수한 별들은 숱한 사람들에게 꿈을 안겨주고 힘을 북돋아 주었으며 별똥별은 젊은 연인들의 소망을 들어 왔다. 유성은 우주에서 지구로 내리

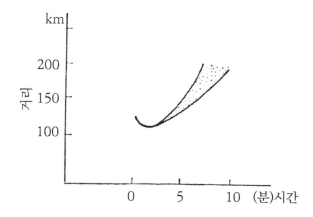

(a) 레이더 화상에 잡힌 유성의 시각과 거리관계

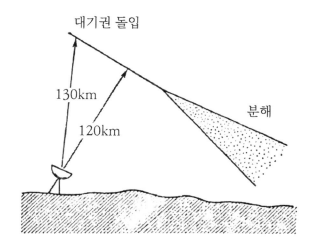

(b) 레이더 화상에 대응하는 유성의 이동

〈그림 6-8〉 유성 레이더의 기록 모형

붓는 작은 별 부스러기이다. 대기권에 돌입하여 대기와의 마찰로 열을 내어 번쩍이기 때문에, 비록 짧은 시간이기는 하나 우리의 눈으로 관찰할 수가 있다. 그리고 이것으로부터 거꾸로 어디까지 지구 대기가 존재하는 가를 알아내는 수단이기도 했다. 사실 지구를 탈출하는 SF 소설에는 반드시라고 할 만큼 자주 이용되고 있다. 이를테면

> "사실은 유성과 충돌하지 않을까 하여 우리는 무척 조마조마했었는데, 이 유성의 덕택으로 공간에서 우리의 위치를 확인할 수 있는 셈이야."
> "그건 어떤 까닭이지?"하고 아르단이 물었다.
> "즉 이 유성과 지구로부터의 거리를 알고 있기 때문이야."
>
> 쥘 베른 『달세계로 가다』에서

그런데 이 유성이 대기 속에서 빛을 내면 그 고온·고열 때문에 그 유성의 비적(飛跡)은 일시적으로 이온화되어 있다. 그래서 유성의 비적은 전파를 반사한다. 유성의 전파관측, 레이더 관측은 이렇게 해서 시작되었다. 제2차 세계대전 중에 레이더 화면에 도무지 정체를 알 수 없는 물체의 모습이 나타나 이것을 'Who fighter'라고 일컬은 적이 있었다. 그것은 대부분이 유성으로부터의 반사전파를 수신한 것이었다고 한다. 유성의 비적이 이온화한 기둥 모양의 기체를 초단파 레이더로 포착하여 추적하면, 그위치의 풍향과 풍속을 알 수 있다. 이렇게 해서 떨어져 내리는 유성이 있는 한, 지상으로부터 80~120㎞쯤 상공의 대기에 관한 정보를 얻을 수 있

다. 그러나 이 방법으로는 유성이 완전히 연소해버린 고도보다 더 아래쪽 대기의 상태는 알 수가 없다.

: IS레이더

라디오존데(radiosonde)는 고층 기상을 조사하기 위한 수소 기구이다. 존데를 상공에 떠올리면 풍향, 풍속, 기압, 온도 등 필요한 기상정보를 얻는다. 그러나 아무래도 대기의 부력(浮力)을 이용하는 기구이므로 대기가 희박한 곳에서는 올라가지 않는다. 그 관측한계는 지표로부터 약 30,000m이다.

이 라디오존데의 고도보다 더 위는 지금까지는 로켓에 의한 관측밖에는 할 수 없었다. 그러나 로켓으로는 계속적인 관측을 할 수가 없다. 약간 관측하기 곤란한 중간권을 레이더와 같은 것으로 관측할 수는 없을까. 중간권에서는 레이더 전파를 반사할 만한 것이 발견되지 않을 것인가?

여름철의 더운 날에 먼 곳을 바라보면 건물들이 아물아물하게 흔들려 보이는 '아지랑이' 현상이 있다. 이 현상은 광선이 통과하는 공간의 굴절률이 시간과 더불어 변동하는 '흔들림' 효과에 의해 일어나고 있다.

중간권을 다시 살펴보자. 거기에는 얼핏 보아서 아무것도 없는 것처럼 보인다. 그러나 대기가 있다. 지구의 회전과 태양의 일조(日照)에 의한 에너지의 수수(授受)로 바람도 불고 있다. 거기에는 당연히 대기의 '흔들림'이 있을 것이다. 이 '흔들림'에 전파를 부딪치게 하여 그 반사파를 수신할 수 있다면 그 부분의 풍향과 풍속을 알아낼 수 있을 것이다. 이와 같은 '흔

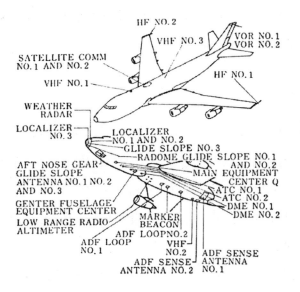

SATELLITE COMM
NO. 1 AND NO. 2

HF NO. 2

VHF NO. 3

VOR NO. 1
VOR NO. 2

VHF NO. 1

HF NO. 1

WEATHER
RADAR

LOCALIZER
NO. 3

LOCALIZER
NO. 1 AND NO. 2

GLIDE SLOPE NO. 3

RADOME GLIDE SLOPE NO. 1

AFT NOSE GEAR
GLIDE SLOPE
ANTENNA NO. 1 NO. 2
AND NO. 3

GLIDE SLOPE NO. 1
AND NO. 2

MAIN EQUIPMENT
CENTER Q

GENTER FUSELAGE
EQUIPMENT CENTER

ATC NO. 1
ATC NO. 2
DME NO. 1
DME NO. 2

LOW RANGE RADIO
ALTIMETER

MARKER
BEACON

ADF LOOPNO. 2

ADF LOOP
NO. 1

VHF
NO. 2

ADF SENSE
ANTENNA NO. 2

ADF SENSE
ANTENNA
NO. 1

〈그림 6-9〉 지름 300m의 반사경을 가진 세계 최대의 IS레이더(미국)

들림'으로부터의 산란(散亂)을 톰슨산란(Thomson scattering)이나 비간섭
성 산란(incoherent scattering, IS)이라고 부른다. 그래서 이런 종류의 산란
원리를 이용한 레이더는 IS레이더라고 부른다.

애초에 이와 같은 산란레이더는 극초단파나 마이크로파를 이용하여
전리층의 관측을 위해 개발되었다. 그러나 그 후 파장을 바꾸어 초단파로
하여 중간권의 관측에 이용하게 되었다.

'흔들림'으로부터의 반사전파는 지극히 근소하다. 그래서 IS레이더는 통상 대전력 레이더가 된다. 레이더로부터 상공으로 발사한 전파의 대부분은 우주로 날아가 버린다. 이것은 또 레이더로서는 무척 비효율적이다. 그러나 관측결과에 가치가 있다면야 그것으로 충분할지도 모른다.

그러면 IS레이더에 의한 중간권의 관측으로부터 지구의 이상을 발견할 수 있을 것인가.

7장

전파 항법은 안전한가

서쪽에 폭풍우가 있음… 공전 때문에 산안토니오국은 청취가 곤란하다 함.

우리 무전국도 마찬가지임. 공전 때문에 당국도

곧 안테나를 철수하고 통신을 중지해야 하는 부득이한 상태에 이를 것임.

생텍쥐페리 『야간비행』에서

1. 항공무선의 시초

: 지문·천문항법

하늘을 날고 싶다는 인류의 꿈은 20세기 초에 실현되었다. 그때 이후 이번에는 하늘을 안전하게 비행한다는 목표를 향해 여러 가지로 생각하게 되었다.

제1차 세계대전에서는 재빠르게도 비행기가 사용되기 시작했다. 정찰임무라고 하는 필연적인 동기에서부터 비행기가 처음으로 무기로서 등장했다. 전시 하에서는 결과를 서두르게 마련이다. 우선 지상과 비행기를 연결하는 항공무선이 실현되었다. 이어서 전파의 입사 방향을 알아내기 위한 전파 방향탐지 기술이 개발되었다. 비행기는 지상과 교신하여 안개 속에서도 자신의 위치를 알아낼 수 있다. 하늘은 일단 인류의 생활권 일부가 된 것이다.

그러나 당시는 전파항법(電波航法)의 정밀도가 나빴고 지문(地文), 천문(天文)항법이라 불리는 추측방법이 주류를 이루고 있었다. 이 방법에서는 지상의 미리 알고 있는 목표물이나 태양이나 별을 목표로 비행하기 때문에 날씨가 좋을 때는 별문제가 없다. 그러나 한번 기상이 악화하여 안개 등으로 시계가 나빠지면 어김없이 손을 들어야 했다.

대서양 횡단비행에 성공한 린드버그는 그 옛날 우편 수송항공기를 타고 있었다. 수송 중에 기상이 돌변하여 짙은 안개를 만나고 비행장을 발견할 수 없을 때는, 우편물을 집어던진 다음 자신은 낙하산으로 뛰어내렸다. 당시는 아직 특정 사람만을 위한 항공기의 시대였다.

린드버그 시대에는 항공무선 장치가 실용화되어 있었다. 그러나 기상(機上)장치가 과중하여 소형기에는 이용하기 힘들었다.

1972년, 대서양 횡단을 위해 이륙하는 린드버그가 신문기자단과 나눈 대화이다.

—어떤 항법을 취할 생각입니까?

"추측항법입니다."

—6분의(六分儀)를 싣고 갑니까?

"아니오, 싣지 않습니다."

—라디오는?

"싣지 않습니다."

—왜요?

"무겁기 때문이죠. 아직 충분히 개량되지 못했으니까요. 여러모로 조사해 보았지만 가장 필요할 때는 쓸모가 없다는 것을 알고 있기 때문이죠."

그리고 그는 라디오장치의 중량만큼의 몫은 가솔린을 더 싣고 모험정신으로 파리를 향해 이륙했다.

: 야간비행

진공관의 발달에 수반하여 무선장치가 소형화되고 그 성능도 한층 향상되었다. 무선장치는 군용기 이외에도 널리 이용되기 시작했다. 그러나 이용방법은 지상국과 교신하여 항로상의 기상 상황을 알아내는 것이 주목적이었다. 스스로 항로를 결정하고 비행하기 위한 것은 아니었다. 당시에는 아직 야간비행이란 하늘의 모험가들만이 하는 세계였다. 현재는 야간에도 대양을 횡단하는 대형 제트기 속에서 달콤한 사랑을 속삭일 수 있다. 이 항공계의 발전상은 당시의 그들로서는 아마 상상조차 못 했을 것이다.

그 후 점점 항공장치가 갖추어졌다. 1937년에 북극권 비행을 한 소련 (현 러시아) 항공대는 항로의 안전을 확보할 믿을 만한 계기로서 자석, 라디오, 나침반, 무선비이콘(radio beacon), 태양나침반 등을 이용하고 있었다. 그들은 무선비이콘(無線標識)의 전파를 타고 북극점에 도달했다. 그러나 극한의 기상상태인 하늘에서는 무선장치는커녕 기체 자체의 안정성이나 신뢰성조차도 예측할 수 없었다. 미국의 1969년의 아폴로 계획과도 방불한, 기지와의 통신만을 반복하는 비행이었다.

남극지방으로 관광유람을 하는 항공기가 계기항법으로 비행하는 현재의 항공기술 수준은 당시와 비교하면 참으로 큰 진보라 할 수 있다.

2. 전쟁의 산물, 전파항법

: 전파항법의 필요성

현재 이용하고 있는 전파항법(電波航法)은 사실 제2차 세계대전 중 군용기술의 개량으로 인한 결과라 해도 지나친 말이 아니다.

제2차 세계대전에서는 전파항법의 중요성이 한층 더 인식되고 강조되었다. 전시 중 비상시에는 상부의 절대적인 명령은 밤과 낮, 그리고 기상상태를 가리지 않고 목적지에 정확히 날아가서 목표물을 폭격하고는 다시 정확하게 기지로 돌아와야 한다는 것이 요청되고 있었다. 지상과 기상과의 무선유도를 위한 전파장치는 기술자의 노력으로 두드러지게 진보했다. 이미 해상의 선박에서는 약 1㎞, 항공기에서는 약 10㎞ 정도의 오차가 있는 천문항법 같은 것은 아무짝에도 쓸모가 없는 시대로 접어들었다.

: ELECTRA

아무것도 보이지 않는 캄캄한 야간에 자기가 비행하고 있는 위치를 알아내려면 어떻게 하면 될까. 가장 간단한 방법은 전파등대(電波燈臺)를 중심으로 한 방사상 선군(放射狀線群) 위에서 자신의 위치를 찾아내는 방법이다. 구체적으로는 기상에서 전파등대의 방위를 측정하여 방사상 선군의 어느 선상에 있는가를 알아낸다. 그리고 이 방법으로 두 군데의 전파등대의 방향을 알아내 각각의 등대에서 오는 두 방사상 직선의 교점에서 자신의 비행기 위치를 얻는다.

이 방법을 한 걸음 더 밀고 나가면 폭격 유도용으로 이용할 수 있다. 한 전파국으로부터 전파빔을 타고 직선 상태로 비행하여 다른 전파국의 특정 빔과 딱 합류하는 지점에서 폭탄을 투하한다. 이 방법으로는 목표가 보이지 않더라도 구름 위로부터 마음 놓고 투하할 수 있다.

이 일렉트라(ELECTRA)라 불리는 전파항법은 나치스 독일의 공군이 영국을 공격했을 때 이용되었다. 이 유도전파를 도청하여 분석하면 금방 공격목표를 알아낼 수 있다. 나아가서는 같은 종류의 전파를 다른 지점에서 발사하면 유도방해와 잘못된 유도도 할 수 있다. 영국은 이런 방법으로 수많은 공장지대를 나치스의 폭격으로부터 구출했다.

이 ELECTRA의 원리는 전후 영국에서 개량되어 콘솔(CONSOL)이라 일컫는 전파표지에 이용되었다. 현재 널리 사용되고 있는 무선표지는 중파를 이용하는 것에는 무지향성(無指向性) 무선표지 NDB(non-directional radio beacon)가 있고 초단파를 이용하는 것에는 초단파 전방향식 무선표

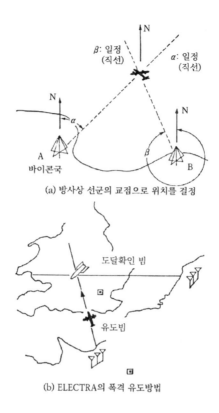

β: 일정
(직선)

α: 일정
(직선)

N

N

α

A
바이콘국

β

B

(a) 방사상 선군의 교점으로 위치를 결정

도달확인 빔

유도빔

(b) ELECTRA의 폭격 유도방법

〈그림 7-1〉 전파 방향탐지기를 이용한 위치 결정법

지 VOR(VHF omni-directional rangebeacon)이 있으며 기상의 방위 측정
장치에는 자동 방향탐지기 ADF(automatic direction finder)가 있다.

: OBOE

OBOE(오보에)는 영국에서의 레이더 펄스 기술의 산물로 기지국을 중심으로 하는 원군(円群) 위에서 자신의 위치를 발견하는 방법이다.

OBOE에서는 먼저 기상으로부터 펄스전파를 발사한다. 이 전파를 특정 지상국에서 수신하고 즉시 그 국으로부터의 고유 펄스전파를 비행기로 되돌려준다. 기상에서는 이 지상국의 펄스 신호를 수신하여 최초에 펄스를 발사한 시각과의 시간차를 재서 지상국과 기체와의 거리를 알 수 있다. 그래서 펄스를 되돌려 보내는 지상국의 수를 두 군데로 하여, 그 두 국의 수신 펄스를 조사하면 자신의 위치를 정확하게 얻을 수 있다.

이 OBOE를 이용한 폭격 유도법도 간단하다. 먼저 특정 기지를 중심으로 하여 거리를 일정하게 유지하며 원호상(円弧狀)으로 비행한다. 다른 기지로부터의 거리가 소정 위치에 온 곳이 폭탄을 투하할 목표가 된다.

이 항법은 연합국 측이 나치스 독일의 루르 지방을 폭격했을 때 이용되었다. 300㎞가 떨어진 지점에서 그 위치 오차가 100m쯤에 지나지 않았다고 한다. 이 OBOE는 호출응답식 레이더 시스템이라 불리는데 이 원리는 현재 거리 측정장치 DME(distant measurement equipment) 등에 이용되고 있다.

이 방법으로는 지상국으로부터 거꾸로 비행기에 펄스전파를 보내 그것을 수신한 항공기 쪽에서 그 비행목적 등을 가리키는 내용의 펄스를 되돌려 보낼 수도 있다. 이와 같은 문답형 레이더는 보통 2차 레이더(secondary radar)라 불리며 항공관제용 레이더 SSR에도 이용되고 있다.

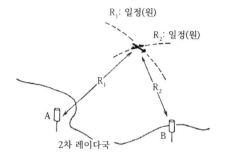

R_1: 일정(원)

R_2: 일정(원)

R_1

R_2

A

B

2차 레이다국

(a) 원군의 교점으로 위치를 결정

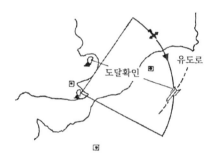

도달확인

유도로

(b) OBOE의 폭격유도법

〈그림 7-2〉 2차 레이더를 이용한 위치 결정법

: GEE

전파표지나 OBOE에서는 직선과 원의 성질을 이용하여 삼각법으로
자신의 위치를 결정하고 있다. 그것들과는 전혀 달리 2차 곡선의 한 쌍곡
선의 성질을 이용하여 자신의 위치를 결정하는 것이 GEE(지이)이다. A, B

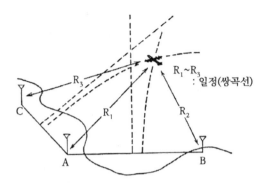

〈그림 7-3〉 펄스의 시간차를 이용한 쌍곡선 항법

의 지상국으로부터 시간을 맞추어 펄스전파가 반복해서 발사되고 있다고

하자. 지금 이 A국과 B국 사이를 잇는 기선의 수직 2등분 선상에서 이들

펄스를 수신하면 A, B 두 국의 펄스를 동시에 수신할 수 있다.

  그렇다면 수직 2등분선으로부터 벗어난 위치에서는 어떻게 될까. A,

B 두 국에서 발사한 펄스에는 수신 시간차 T_1이 생긴다. 이 시간차 T_1이

일정하게 되는 선을 지도 위에 그리면 쌍곡선이 된다. 그리고 수신점은 T_1

의 쌍곡선 위의 어딘가에 있게 된다. 다음에는 A, C 두 국에서 발사한 펄

스의 수신 시간차 T_2를 조사한다. 그렇게 하면 수신점의 위치는 A, B 두

국과 A, C 두 국에서 각각 시간차 T_1과 T_2의 쌍곡선의 교점으로서 결정된

다. 영국에서 생긴 이 전파항법의 특징은 뭐니 뭐니 해도 다수의 항공기

와 함선을 동시에 유도할 수 있다는 점이다.

GEE는 노르망디 상륙작전에서 크게 활약했다. 그 때문에 이날을 가리켜 기술자들은 D-Day가 아닌 Gee-Day라 일컬을 정도이다. 또 연합국 측은 GEE를 이용하여 해공 일체의 작전도 펼 수 있게 되었다. 그 후로는 나치스의 U보트에게 북대서양은 점점 더 불안한 해역이 되었다. GEE 항법에서의 오차는 기지국으로부터 550km가 떨어진 곳에서도 3km쯤이었다고 한다.

GEE의 이점은 현대에도 계승되어 LORAN-A, LORAN-C, DECCA, OMEGA 등의 각종 항법이 개발되었다. 이들 항법의 원리는 모두 쌍곡선을 이용하기 때문에 통틀어서 쌍곡선 항법(hyperbolic navigation)이라 일컫는다.

태평양전쟁에서 연합국 측은 LORAN을 사용하여 일본 본토를 폭격했다. 태평양의 여러 섬에서 출격한 '하늘의 요새' B29가 확실하게 일본을 겨냥하여 바다 위를 날아올 수 있었던 까닭이 여기에 있다.

: H₂S

OBOE나 GEE 등의 항법에서는 항행을 원호할 기지국이 필요하다. 그래서 전파방해를 받게 되면 이들 항법은 쓸 수가 없다.

기상의 장치만으로 가능한 항법은 없을까. 이런 요구에 부응한 것이 H_2S라는 화학식으로 일컬어지는 10cm 파를 이용한 기상(機上)레이더이다. 이 레이더 항법에서는 기상의 레이더 화면에 지상의 지형을 파노라마식으로 비추어 이 화면을 보고 목표지점까지 날아간다. H_2S를 이용한

(a) H₂S를 동체 밑의 레이돔 안에 장치한 영국의 Mosquito 공격기

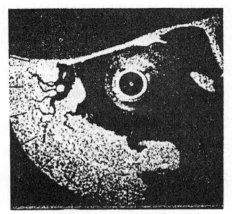

(b) 매사추세츠주 다르스바리만의 PPI화상

〈그림 7-4〉 H₂S 방식

항법은 연합국 측이 나치스의 도시 함부르크를 폭격했을 때 사용되었다. OBOE나 GEE에 대한 전파방해를 하고 있던 나치스에게 그날은 대단한 액운의 날이었다.

H₂S의 원리는 현재 PPI(plane position indication) 방식이라 불리고 있다.

3. 전파를 이용하는 장거리 항법

: 관성유도(INS)

자전하고 있는 지구의 자축은 우주공간 속에서 북극성을 향해 늘 일정한 방향을 유지하고 있다. 지구뿐만 아니고 일반적으로 회전하고 있는 팽이(gyrocompass)에는 늘 일정한 방향을 유지하며 회전하는 성질이 있다.

이 성질을 이용하면 어느 때라도 팽이가 가리키는 방향을 운동의 기준축으로 선택할 수가 있다. 그래서 항공기에 가해지는 가속도를 측정하여 그 결과를 계산기에 걸어서 기준 축을 좌표로 삼아 기체의 위치를 3차원적으로 구하는 것이 관성유도항법 INS(inertia navigation system)이다.

이 관성항법에서는 외부로부터 아무 정보를 얻지 않더라도 자신의 위치를 스스로 계산하여 목적지까지 자동항행이 가능하다.

이 항법은 오래전 제2차 세계대전 중에 나치스 독일의 로켓병기 V2호에 이용된 것이 그 시초이다. 그 후 목표물이 적은 우주공간의 항법용으로 사용되었다. 현재는 이것 없이는 우주여행이 불가능하다고까지 일컬

〈그림 7-5〉 관성유도의 시조 V2호

어지고 있는 항법이다. 이 항법은 지구 위에서는 전혀 자석이 듣지 않는 극지방의 항법이다. 전파(電波) 정보가 적은 대양항로의 자동조종 등에도 이용되고 있다. 민간 항공기로는 B747 점보기에 처음으로 장치되었다. 1958년에 미국의 원자력 잠수함 노틸러스(Nautilus)호는 태평양에서 대서양을 향해 북극해의 빙산 밑을 통과했다. 이것도 관성항법의 덕택이었다. 그런데 이 만능으로 보이는 관성항법에도 약점이 있다. 이 항법장치에서는 자이로 컴퍼스가 회전하기 시작하여 안정하게 이용할 수 있는 상태가 되기까지에는 15분 이상이나 걸린다. 또 최초에 출발하는 지점의 위치에 대한 정보를 미리 장치에다 정확하게 기억시켜두지 않으면 안 된다. 그리고 더욱 문제인 것은 고성능 자이로 컴퍼스와 고성능 가속도계가 요구되기 때문에 장치값이 비싸다는 점이다.

관성 유도항법으로 일본을 출발하여 하와이 제도에 닿을 무렵에는 최악의 경우라도 10㎞쯤의 오차밖에는 없다고 한다.

: OMEGA

제2차 세계대전 후 쌍곡선항법은 군용에서뿐만 아니라 일반에게도 개방되었다. 그리고 각지에 주파수 약 2㎒의 전파를 이용하는 LORAN-A의 전파국이 개국되었다. 이 항법에서는 국으로부터 지표를 전파하는 전파를 이용하면 1,200㎞를, 전리층으로부터의 반사전파를 이용하면 2,500㎞ 떨어진 곳까지 자신의 위치를 알아낼 수가 있다. 이것이면 연안항행은 기상이 나쁘더라도 안심이다.

이 LORAN 항법에서는 이용하는 전파의 성질로 인해 산악지대 등에서는 위치에 오차가 생긴다. 또 LORAN 전파로 지구 전체를 커버하려면 엄청난 수의 LORAN국이 필요하게 된다. 그래서 주파수가 90~110kHz인 장파를 이용한 LORAN-C의 항법이 개발되어 1958년부터 실용화되고 있다. 이 시스템에서는 더 광범하게 자신의 위치를 500m 이내의 오차로써 알아낼 수 있다. 그 유효거리는 지표를 전파하는 LORAN-C의 전

● A   로란A(각지)
○ C   로란C(도까찌후토)
□ Ω   오메가(쯔시마)

〈그림 7-6〉 일본의 쌍곡선항법국의 위치

파를 이용하면 2,200㎞이고, 전리층에서 한 번 반사한 전파를 이용하면
4,000㎞ 이상이라 말하고 있다. 그러나 이 LORAN-C라고 해도 지구 전
역을 커버할 수는 없다. 그래서 전 지구를 커버하는 최종적인 쌍곡선항법
으로 OMEGA 항법이 개발되어 1973년부터 실용화되었다. OMEGA에
서는 10~14kHz의 초장파의 전파(傳播)를 이용하고 있기 때문에 지구의
회절효과나 전리층의 반사 현상 등을 두드러지게 이용할 수 있어 불과 8

개국이면 지구 전역을 커버한다.

OMEGA 항법의 장점은 뭐니 뭐니 해도 오메가전파의 수신장치가 값싸다는 점이다. 그리고 특별한 준비가 없더라도 언제든지 즉석에서 자신의 위치를 3㎞ 정도의 오차범위 내에서 알 수 있다는 점이다. OMEGA에서는 LORAN-C보다 이용전파의 파장이 길어지기 때문에 위치측정의 정밀도가 떨어지게 되는 것은 부득이한 일이다.

바야흐로 지구의 승용물, 항공기나 선박 등은 OMEGA 이용으로 나아가고 있다. 항공기에서는 값비싼 관성항법으로부터 값싼 OMEGA 항법으로 옮겨가고 있는 것은 시대의 추세라고 하겠다. 광산의 발견을 꿈꾸는 사람들도 이 OMEGA를 이용하여 자신의 위치를 확인하고 있는 시대이다. 최종적인 전파표지 시스템으로서 그리스 문자의 마지막 글자인 ω를 따서 이 이름이 붙여졌다. OMEGA야말로 항법의 왕자라는 생각이 든다.

4. 항공기의 사고와 전파항법

: 전파계기와 파일럿

현재는 하늘의 시대이다. 하늘에도 전파로 항로가 설치되어 있다. 지상의 도로를 자동차가 달려가듯이 하늘을 날 수 있는 시대가 되고 나서부터는 하늘에서의 사고도 크게 줄어들었다. 그래도 우리는 사고 소식을 듣는다. 그것은 기체(機體)가 튼튼해지고 항법이 안전해지는 비율보다, 해마다 비행기의 수가 증가하는 비율이 크기 때문이다. 사고율이 1/10로 줄어들더라도 10배가 늘어난 수의 비행기가 하늘을 날아다닌다면 어떻게 될까. 사고 수는 통계적인 관점에서 볼 때 전과 조금도 다를 바 없다.

전자기술이 진보하여 항법 시스템에 포함되는 오차, 계기에 포함되는 오차가 적어졌다. 그러나 그 오차는 결코 제로가 아니다. 계기에 의존하는 항법은 현재도 절대로 100%가 안전하다고는 말할 수 없다. 이 계기의 오차나 계기의 성질을 파일럿의 경험과 슬기로 커버하고 있기 때문에 그나마도 하늘의 여행이 안전한 것이다.

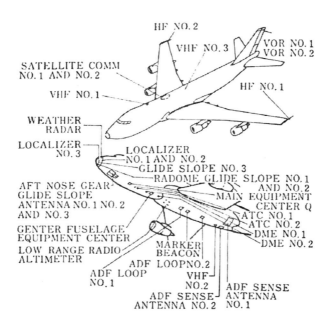

〈그림 7-7〉 B747 점보에 실려 있는 기기의 안테나 위치

　　계기가 조정 불량일 때는 당연히 잘못 동작한다. 또 계기가 정상이더라도 전파계기는 지형이나 기상상태의 영향을 받아 예기치 않은 표시를 할 때가 있다. 그래서 기상에는 한 가지를 측정하기 위해서라도 시스템이 다른 각종 독립된 복수의 장치가 있다. 어떤 원인으로 그중의 하나가 잘못 동작하더라도 전체적으로는 판단을 그르치지 않게 되어 있다.

　　그러면 사고는 어떤 때 일어날까.

지상에 있는 항행을 원호하는 전자장치가 잘못 작동하거나 관제사(管制士)가 판단을 잘못 내리거나 파일럿이 잘못 작동하는 계기의 정보만을 믿고 판단을 내리거나 우연하게도 그런 일들이 겹쳤을 때 사고가 일어날 가능성이 있다.

: 계기의 시스템 오차

계기에는 불가피하게 일어나는 오차가 있다. 무선표지 NOB에 사용되고 있는 중파의 전파는 산악지대나 해안선에서는 반사하거나 굴절하기 때문에 이상적인 전파의 분포상태로부터 흐트러져 있다. 그리고 이 교란에 맞추어 기상에 있는 전파 방향탐지기 ADF(automatic direction finder)가 따라서 움직인다. 이 이상적인 상태와는 좀 다른 예기치 않은 지침의 표시도 알고 있다면 별것 아니다. 그러나 모르고 있을 때는 적잖이 당황하게 될 것이다.

1971년 7월, 일본의 민간항공사 도오아(東亞) 국내항공 소속의 YS11 '반다이(盤梯)호'가 북해도의 하코다테(函館)공항에 착륙하려다가 약 15㎞나 떨어진 요코즈다케(橫津岳)에 충돌한 사고가 있었다. 시계가 나쁜 뇌우 속에서의 사고였던 만큼 기장의 어떤 판단 착오가 사고의 원인이었을 것이라고 보고되었다. 그러나 하코다테 공항의 전파표지의 전파가 요코즈다케의 경사면에서 반사하여, 그 때문에 하코다테보다 훨씬 북쪽에서 전파 방향탐지기의 지침이 뱅그르르 회전해버린 것이 아니었을까 하고 추측하는 사람도 있다.

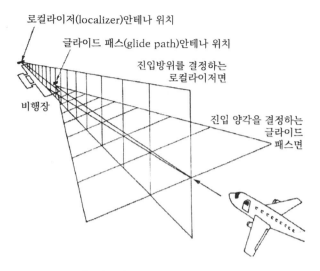

로컬라이저(localizer)안테나 위치

글라이드 패스(glide path)안테나 위치

진입방위를 결정하는
로컬라이저면

비행장

진입 양각을 결정하는
글라이드
패스면

〈그림 7-8〉 자동착륙장치 ILS의 유도로

이 중파의 무선표지보다 정밀도가 높은 표지로서 초단파 무선표지 VOR(VHF omnirange)이 있다. 초단파는 중파와는 달리 산악 등의 영향을 받기 어렵다. 중파 대신 초단파의 것으로 하면 항로도 안정되고 이상 접근의 발생 빈도도 줄어들 것이다.

계기 착륙장치 ILS(instrument landing system)는 큰 비행장에는 반드시 있는 착륙 유도장치이다. 일단 하늘로 떠오른 비행기는 반드시 지상으로 내려오게 마련이다. 기상이 나쁠 때는 눈이나 번개, 태풍에도 끄떡없이 착륙해야 한다. 그것도 하늘 위에서는 기상이 나쁘다고 하여 시간을 질질 끌어가며 착륙하는 것은 허용되지 않기 때문이다. 항공기의 사고는 착륙 때가 가장 일어나기 쉽다고 한다. 그래서 전파를 이용하는 계기 착륙은 비행기에서는 가장 요망되는 최대 목표이다.

계기 착륙장치에서는 초단파의 전파빔이 이용된다. 이 전파빔으로 활주로를 향해 공간을 정확하게 2.5~3도의 각도로 하강하는 유도로가 만들어져 있다. 스튜어디스의 "지금부터 착륙태세로 들어갑니다……"라는 방송이 있은 뒤에 비행기는 이 유도로에 실리며 우리는 전파에 의해 유도되고 있다.

그런데 이 유도전파로 유도되어 착륙할 때를 생각해 보자. 지금 전파빔으로 정해지는 이 유도로에 비행기가 단 한 대만 날고 있을 때 이 비행기는 정해진대로 유도되어 착륙할 것이다. 그런데 이 유도로에 동시에 두 대가 연달아 실리면 어떻게 될까. 첫 번째 항공기는 정확하게 착륙할 것이다. 그러나 두 번째 항공기에 타고 있는 승객들에게는 혼란이 생긴다. 본래의 소정 유도로를 가리키는 전파가 첫 번째의 비행기 때문에 산란을 받게 되고, 그 산란전파를 수신하고 있을 것이기 때문이다. 두 번째가 계기 착륙장치의 전파를 이용하여 자동착륙을 하고 있다고 하자. 첫 번째 비행기에 의해 교란된 전파경로를 정확하게 따라가 들쭉날쭉한 산길을 달려가는 버스처럼 두 번째 비행기는 상하좌우로 흔들거리게 될 것이다. 이와 같은 일 때문에 유도로에는 결코 한꺼번에 한 대밖에는 들어가지 못하게 정해져 있다.

그런데 시계가 나쁠 때 계기 착륙장치의 전파빔에 유도되어 비행장에 접근했더니 활주로와는 다른 엉뚱한 곳에 와 있었다는 일이 이따금 있다. 이와 같은 고스트 빔(ghost beam)이라 불리는 그릇된 방향으로 유도하는 현상은 폭풍우나 모래폭풍 등 기상이 나쁠 때 발생한다고 한다.

전파는 진공 속과 마찬가지로 대기 속을 전파하고 있는 것이 아니다. 대기는 기상상태에 따라서 여러 가지로 변화한다. 대기의 전파적(電波的) 성질, 특히 그 유전율도 예외가 아니다. 기상조건에 따라서는 전파가 대기 속에서 반사하거나 이상 산란을 하거나 하는 일이 있다.

그런 일로부터 자동조종 계기들을 맹목적으로 믿고 있다가는 사고를 일으키는 수가 있다.

현재의 착륙장치 ILS보다 더 진보한 마이크로파 착륙장치 MLS(microwave landing system)가 연구, 개발되고 있다. 가까운 장래에는 착륙이 더 안전하고 능률도 높아질 것이다.

: 버뮤다의 트라이앵글

미국 바로 동쪽 서대서양에 버뮤다 트라이앵글(triangle)이라 일컬어지는 이른바 '마의 해역'이 있다. 이 근처에서는 과거에 항공기나 선박의 수수께끼와도 같은 실종사건이 수없이 발생하여 관계자들이 두려워하고 있다. 용케 조난을 면하고 그 해역을 빠져나온 사람들은 전파 방향탐지기의 지침이 돌아가서 자신의 위치를 확인할 길이 없었다느니, 기체가 불꽃에 휩싸였다느니, 무선통신이 불가능하게 되었다느니 하고 이구동성으로 말하고 있다. 또 항공기가 지상의 레이더 화면에서 일시적으로 사라져 버리

〈그림 7-9〉 UFO의 궤적?
: 1978. 12. 31. 오스트레일리아의 TV 뉴스반이 뉴질랜드 앞바다에서 찍은 사진

거나 배 위에서는 육안으로 보이는 배가 선박의 레이더 화면에서는 사라져 버렸다는 등의 기기괴괴한 얘기도 있다. 이와 같은 사실(?)을 다른 차원의 세계나 UFO와 관계가 있다고 설명하는 사람도 있는 모양이지만 과연그 진위는 어떤 것일까.

이상기상(異常氣象) 상태에서는 항행 중 배의 마스트 끝에서 방전현상이 일어나고 불기둥을 보게 되는 경우가 있다. '센트엘모의 불'로 일컬어지는 현상은 지중해 지방에서 예로부터 알려져 있었다. 기상상태에 따라서 비행기의 기체에 센트엘모의 불이 발생한다는 것도 잘 알려진 사실이다. 끝이 뾰족한 안테나에 센트엘모의 불이 발생하면 당연히 안테나의 공진 주파수가 흐트러지고 그 특성이 떨어져 통신에는 사용할 수가 없게 된다. 또 중파의 전파 방향탐지기는 뇌우 때는 번개가 발생하는 전파에 의해 방해를 받아 지침이 뱅글뱅글 돌아가 버리는 수가 있다. 때로는 1,000㎞나 멀리 떨어진 곳에서 발생하는 번개에 영향을 받는다는 사실도 알려져 있다. 또 낙뢰를 맞으면 전파계기가 파괴되는 수도 있다.

또 어떤 이유로 대기 속에 온도의 역전층이 발생하면 마이크로파의 전파는 거기서 이른바 전반사(全反射) 현상을 일으킨다. 이와 같은 마이크로파의 전반사를 일으키는 층이 관측자와 목표물 사이에 기상적(氣象的)으로 발생했을 때는 화면 위에서 목표물을 레이더 전파로 볼 수가 없다. 그렇지만 목표물로부터 발생한 빛은 마이크로파와는 주파수가 다르기 때문에 이 전반사층은 저쪽 편으로부터 빠져나온다. 그래서 육안으로 저쪽 편의 물체를 관측할 수 있다. 레이더로는 보이지 않고 육안으로는 볼 수 있는 현상은 전혀 생각할 수 없는 일이 아니다.

버뮤다 트라이앵글의 전설로 전해지고 있는 전자기 현상을 모두 현재 모조리 설명할 수 있는 것은 아니다. 그러나 설명할 수 있는 것까지도 모조리 미지의 현상이라고 생각해 필요 이상으로 놀라는 것도 생각해 볼 문제이다. 이상기상과 전자기현상의 관계는 해명되고 있는 듯하면서도 아직도 알 수 없는 일들이 많다.

: 충돌방지와 레이더

이번에는 육상에서의 이야기로 화제를 돌리자. 일본의 최고속 열차 신칸센(新幹線) '히까리(光)호'는 일본이 세계에 자랑하는 초특급 열차이다. 특히 대량수송이라는 의미에서 비행기는 발밑에도 못 미친다. 그러나 이 신칸센에도 고민이 없지 않다. 최고 시속이 200㎞ 이상이나 되기 때문에 충돌사고라도 일어나는 날에는 그야말로 대참사가 빚어진다. 개업했던 1964년 무렵에는 충돌방지에 대해서도 여러모로 검토되었다.

그중에는 전파로 선로 위의 장애물을 검출하는 방법도 있었다.

레이더를 선단에 있는 돔 속에 설치하는 것이 어떨까.

이와 같은 항공기에서는 실용적인 방법도 사실 육상에서는 사용하지 못한다. 선로가 직선 부분만으로 되어 있지 않기 때문이다. 그래서 선로를 따라가며 전파선로(電波線路)를 만들고 이 선로를 전파를 유도하는 가이드로 하여 이 위에서 레이더를 이용하는 방법은 어떨까. 이런 사고방식은 이론적으로는 실현할 수 있을 것 같다. 그런데 경제적으로 보면 실현이 의문시된다. 선로를 따라가며 전파 가이드를 건설하는 비용이 엄청나기 때문이다. 선로의 길이는 10㎞나 20㎞로 그치지 않는다. 일본 전국에 펼쳐져 있으니까 말이다.

확실히 레이더에서는 많은 돈을 들이기만 한다면 수 ㎞ 전방의 선로 위에 있는 한 마리의 소라도 검출할 수는 있다. 그러나 수 ㎞ 전방의, 이를테면 사방 20㎝의 방해물을 검출하는 가능성에 대해서는 그 어려움이란 이루 형언할 수가 없다.

과학의 정수만을 모아서 달려가고 있는 신칸센은 결국 선로 위에 물체를 두고 그 운행을 방해하려는 사람이 없을 것이라는 양식(良識)을 대전제로 한 위에서 날마다 달리고 있는 것이다. 또 나날이 선로를 순시하는 선로 보안원들의 남모를 노력이 있기 때문에 마음 놓고 차를 탈 수 있는 것이다. 장애물 검출에 관한 문제는 리니어 모터카(linear motor car)가 실용화될 때 또 한 번 화제가 될 것이다.

8장

전파로 에너지가 전달되는가

이 불을 토하는 죽음, 눈에 보이지 않는 피할 수 없는 열검(熱劍)은

신속하며 확실하게 주위를 쓰러뜨리고 있었다.

웰즈 『우주전쟁』에서

1. 전자레인지에서 시작되는 전파가열

: 전자레인지

요즘은 편한 세상이 되었다. 슈퍼마켓에 가면 전자레인지용 식품이 있다. 바쁜 사람이나 요리를 만들 줄 모르는 사람도 스위치만 넣으면 이용할 수 있고 요리를 하는 번거로움도 덜어준다.

제2차 세계대전 중의 이야기이다. 마이크로파 기술자들 사이에서는 레이더 전파에 손을 쬐면 손이 뜨거워진다는 사실이 알려져 있었다. 기술자들은 틈틈이 계란 프라이를 요리하며 즐기고 있었다.

이 가열 현상을 조리에 이용할 수 없을까 하고 생각한 사람이 미국에 있었다. 그는 마이크로파가 발생하는 마그네트론(magnetron)의 전파를 끄집어내는 곳에 딱딱한 옥수수를 놔둬 보았다. 그렇게 팝콘(popcorn)을 만들어 본 다음, 이것이라면 충분히 실용적인 조리기구가 될 수 있다고 확신했다.

이 2.45GHz의 고주파전파를 이용한 전자레인지는 냉동식품, 인스턴트식품 등의 가공과 조리에 새로운 분야를 개척했다는 것은 말할 나위도 없다. 전자레인지에서는 속에 놓인 식품만 가열되고 접시나 종이에도 전파는 통하고 있다. 그러나 도전성이 높은 것만을 내부에서부터 가열한다는 마이크로파의 유전가열(誘電加熱)이라는 원리 때문에 레인지 안에서는 수분을 포함한 것만 선택적으로 가열되는 것이다. 전자레인지에서는 종전의 조리방법과는 달리 스테이크든 찜이든 그것들이 내부에서부터 가열된다. 그리고 불과 몇 분 안에 완성된다.

맛은 어떨까. 종전의 외부에서부터 가열하는 방법과 비교하면 색깔, 맛, 강도, 영양성분 등 조금만 다를 뿐이라고 한다. 전자레인지에서는 수분의 증발이 표면뿐 아니라 내부로부터도 일어나고 또 녹말 입자가 내부 가열로 파괴되어 반죽상태가 더 한 층 촉진되기 때문이다.

이 문명의 이기, 레인지에도 약점이 있다. 내부로부터 조리하기 때문에 인류가 수천 년이나 보아온 그을은 곳이 생기지 않는다. 불에 그을리지 않은 꽁치구이란 어떤 맛일까. 아무래도 싱겁고 서먹서먹한 느낌이 든다. 또 전자레인지의 용기 관계로 고르게 익지 않을 때가 있다. 전파가 용기 안으로 들어가는 입구에 작은 금속 회전판을 두거나 레인지 안에서 턴테이블(turntable)을 돌려주거나 하는 것은 그 때문이다. 최근에는 오븐(oven)과 복합화한 제품이 나오고 있는데 그것으로 과연 요리전문가들의 구미를 만족시킬 수 있을까.

: 플라스마의 전파가열

그리스신화에 프로메테우스가 신들의 나라에서 몰래 불을 훔쳐 인류

〈그림 8-1〉토카마크형 플라스마 보전장치
: 인류는 언제 핵융합의 무한한 에너지를 손에 넣을 수 있을까

에게 주었기 때문에 그 죄로 신들의 재판을 받았다.

　가엾어라. 결박당한 것도 결국은 불의 근원을 찾아 헤매어 이것을 훔쳐
회향(茴香) 심지에 가득 붙여서 인류에게 주었다. 이것이야말로 모든 기
술을 인간에게 가르쳐 커다란 편리를 주고자 했음이었는데.

아이스퀼스 『결박당한 프로메테우스』에서

바야흐로 인류는 제2의 불이라기보다는 본래 신들의 불을 훔치려 하

고 있다. 핵융합(核融合)은 미래의 그리고 영원한 꿈의 에너지원이다. 우리는 이 핵융합 반응의 에너지의 크기를 이미 수소 폭탄을 통해서 알고 있다. 이 거대한 에너지를 안전하게 조금씩 끄집어내기란 참으로 어려운 일이다. 큰 문제에는 애초부터 침착하게 대처해야 한다는 데서 인류는 21세기까지 이것을 획득할 것을 목표로, 현재는 한 걸음 한 걸음씩 기초적 노력을 쏟고 있다. 이 핵융합 반응을 실제로 일으키는 데는 플라스마 상태의 중수소를 수 초 동안에 약 1억 도로 가열해야 한다.

플라스마를 가열하는 데는 강력한 에너지를 플라스마에 가해줄 필요가 있다. 이 목적을 위해서는 여러 가지 방법을 생각할 수 있다. 이 중에서 가장 유망한 것이 강력한 전파에너지를 플라스마에 흡수시키는 방법이다. 한마디로 말해서 플라스마를 비프스테이크로 보고, 커다란 전자레인지를 만들면 되는 셈이다. 레인지라고는 하나 1억 도의 플라스마를 공중에 떠 있게 해야 하는 레인지이기 때문에 엄청나게 큰 장치가 된다.

현재 계획되고 있는 가열법은 150GHz의 밀리미터파의 전파로 플라스마 속의 전자를 가열하는 방법이다. 이 목적을 위해서는 광속도에 가까운 전자의 흐름을 이용한 초대전력 전파를 발생하는 자이로트론(gyrotron)이라는 장치가 유망시 되고 있다. 그리고 또 가열을 다짐하기 위해 플라스마 속의 이온에도 열을 가한다. 이것을 위해서는 50㎒의 초단파가 이용될 예정이다. 핵융합의 실현을 위한 열쇠는 바야흐로 이학적(理學的)인 문제가 아니라 공학적인 문제이다. 그리고 나아가서는 전파기술자의 문제인 것이다.

2. 전파로 하는 토목공사

: 마이크로파 전력 파괴

일반적으로 말하면 만드는 것보다는 부수는 일이 쉬울 것이다. 그런데 만들기보다도 부수는 편이 어렵다고 말하는 것 중에 현대의 콘크리트 빌딩이 있다. 빌딩을 부수는 일은 어렵지 않다. 그러나 주위의 건축물이나 사람들에게 피해를 주지 않고 파괴하려면 생각해 볼 문제이다.

커다란 금속구를 충돌시키거나 유압(油壓)으로 벽을 부수거나 하는데, 여기에다 전파를 이용할 수도 있다. 대전력의 마이크로파를 콘크리트에 쬐이면 콘크리트는 내부의 수분이 급격히 팽창하여 내부에서부터 파괴된다. 이 방법에서는 전기를 사용하고 있기 때문에 화약을 쓰는 것과는 달리 취급이 간단하다. 이 마이크로파 전력을 이용하는 파괴법에서는 대상물이 수분을 포함한 것이라면 무엇이든지 응용할 수 있다. 터널 안의 암석이건 바닷속의 암반이건 상대를 가리지 않는다.

대전력 마이크로파를 사용하는 새로운 토목공사법도 개발될 날이 머지않을 것이다.

: 도로 가열

도로의 건설에도 마이크로파 전력이 이용될 수 있을 것 같다.

도로에 아스팔트 포장을 할 때는 20㎝ 두께로 깔린 아스팔트를, 그것의 연화점(軟化點) 이상으로 가열할 필요가 있다. 이 가열을, 아스팔트의 표면으로부터 열전도를 이용해 보자. 표면을 150℃로 유지하더라도 20㎝의 깊이인 곳에서는 10시간을 가열해도 고작 50℃밖에 되지 않는다. 그런데 마이크로파를 이용하면 5분도 채 안 되어 아스팔트 전체가 100℃ 이상이 된다. 내부로부터 가열하는 전파의 위력이 여기서 뚜렷이 나타나 있다.

전파를 이용하는 도로 가열장치가 실용화되는 날도 머지않을 것이다.

3. 지금과 옛날의 살인광선

: 살인광선

만화에 나오는 전투 장면에서는 광선무기(光線武器), 파동무기(波動武器) 등 각종 새로운 무기가 등장하는데, 이들 무기의 시초는 웰즈의 SF소설일 것이다. 그의 『우주전쟁』에서는 화성에서 날아온 우주선이 열선포(熱線砲)를 사용하고 있다. 이 열선포야말로 현대의 군사 전문가들이 꿈꾸고 있는 살인광선, 괴력(怪力)광선 또는 광(光)빔이라고나 할까. 어쨌든 그런 것의 모습이라고 할 수 있다.

1976년에 미국의 한스빌에서 레이저 무기를 사용하여 1㎞ 전방에 있는 항공기를 격추했다는 소문이 나돌았다. 대전력 레이저는 현재는 아직 효율이 좋지 않아서 개량의 여지가 있기 때문에 이런 종류의 무기가 실용화되려면 상당한 시간이 걸릴 것이다.

그런데 이 살인광선, 정확하게 말해 지향성이 있는 에너지 무기를 기

〈그림 8-2〉 우주에 떠 있는 발전용 위성
: 5km×10km의 면적에 태양전지를 배열하고 거기서 얻는 전력을 마이크로파
로 변환하여 지구로 보낸다

술적으로 착상한 최초의 사람은 테스라였다고 한다. 그는 전파연구의 개척자이며 20세기 초에 무선에 의한 전력전송(電力電送) 실험에 열을 올리고 있었다. 또 인체에 전류를 흘리면 체온이 상승한다는 전기의 생체작용을 처음으로 문제 삼았던 인물이기도 하다. 이 살인광선의 예측도 과연 그럴듯하다는 생각이 든다.

그의 생각으로는 옥외에서 대전력 빔을 발사한다. 그러면 빔 안에서는 생체의 가열이 일어나서 살인광선이 만들어지는 셈이다. 그러나 당시에 개발 중이던 초단파나 극초단파의 전파에서는 가느다란 전파빔을 만들 수가 없었다. 그래서 이때는 그저 착상에만 그쳤다.

: 세이호 작전

제2차 세계대전 중에 일본 해군의 레이더 연구자들 사이에서 이 살인 광선의 연구가 적극적으로 거론되었다. 당시의 일본 해군은 세계 최대의 고출력 마이크로파 발진관의 마그네트론을 보유하고 있었다. 이것을 사용하여 살인광선을 만들어 일본 본토를 습격하는 폭격기 B29를 즉석에서 격추하려는 용맹한 구상(?)을 하고 있었다. 전황의 열세를 단번에 뒤엎는 데는 원자폭탄의 개발보다 살인광선 쪽이 더 빨리 실용화될 수 있을 것이다―그런 생각으로 시작한 것이 특급 비밀 '세이(勢)호 작전'의 동기였다. 이 계획은 파장 10㎝의 마이크로파를 1㎿로 연속적으로 발진하여 지름 23m의 파라볼라 안테나(parabola antenna)로 수속(收束) 전파빔을 만들어 10,000m 상공의 B29를 격추하려는 것이었다. 그리고 완성할 때는 오오이강(大井川) 상류에 있는 발전소 지대에 건설하기로 결정되어 있었다.

기초실험에 따르면 수 m 전방의 돼지나 토끼를 죽일 수 있었다. 또 이 마이크로파의 강력한 전파를 맞은 비행기 엔진의 점화계통에 고장이 생길 것으로 예측했다. 그러나 전황이 급속히 악화되어 강력전파는 발사도 해보지 못한 채 전쟁이 끝나버렸다. '세이호 작전'의 평가에는 찬반양론이 있었지만, 그 목적의 하나에는 대전력 마이크로파에 의한 물리화학적 효과와 생물에게 미치는 영향을 조사하는 것도 포함되어 있었다.

4. 우주공간의 전력전송

: **우주발전소**(SPS)

인류의 생존은 오로지 에너지 문제와 직결되어 있다. 현재 우리는 자연의 에너지를 이용하여 전기를 만들고 있다. 그러나 수력, 파동력, 풍력… 등 그것들을 이용할 수 있는 절대량에는 한계가 있다. 석탄이나 석유, 그리고 원자력 발전을 위한 우라늄에도 역시 한계가 있다. 다년간의 노력에도 불구하고 아직껏 핵융합의 불은 켜지지 못하고 있다.

그래서 핵융합을 손에 넣게 될 때까지의 에너지원으로서 미국에서는 우주발전소 SPS(solar power station)의 건설계획이 추진되고 있다. 그것은 지상 35,900km의 정지위성 궤도에 거대한 인공위성을 건설하고 거기서 30년 동안에 걸쳐 태양열 발전을 하려는 것이다.

우주발전소의 건설은 100억 달러가 넘는 웅대한 계획이다. 태양열을 직접 전기로 변환하는 태양전지를 세로 10km, 가로 5km의 면에다 배열하고 이 배열된 태양전지로 5GW의 전력을 발생시킨다. 그리고 이 전력을 대기 속에서 감쇠가 적은 2.45GHz의 마이크로파로 변환하여, 지름 1㎞의 위상배열 안테나(phased array antenna)로 지상으로 보낸다. 지상에서는 이 전파를 사막지대에 건설한 지름 10㎞에 배열한 130억 개의 레크테나(receiving-rectifying antennas)라 불리는 안테나군(群)으로 수신하여 그것을 다시 직접 이용할 수 있는 전기로 변환하려는 계획이다.

이 우주발전소를 건설하기 위해서는 자재를 우주연락선 스페이스 셔틀(space shuttle)로 운반하여 우선 지상 480㎞의 낮은 궤도에서 조립한 다음 정지궤도로 운반한다. 또 기술이 진보하면 소행성(小行星)을 끌어와서 거기서 필요한 재료를 얻고, 이 또한 우주에 설치된 공장에서 가공해도 되리라는 웅대한 계획인 것이다.

이 우주발전소를 건설하기 위해서는 막대한 돈이 드는데, 이런 발전소에도 장점이 있을까. 같은 것을 사막지대에 건설하면 되지 않을까? 지상에 건설하더라도 대기 속에서의 태양광선의 감쇠를 고려하지 않아도 된다면 우주에 있거나 지상에 있거나 발전효율은 같을 것으로 보인다.

그런데 그렇지가 않다. 우주에서는 춘하추동에 일조량의 변화가 없다. 또 하루의 일조시간도 우주 쪽이 길어진다. 더욱 중요한 점은 우주공간에 건설하는 편이 그 후의 보수가 수월해진다고 한다.

웅대한 계획처럼 보이지만 기술적으로나 경제적으로 생각해 보면 우리에게는 꽤 기대할 만한 계획이라 할 수 있다.

: 마이크로파 전력전송

우주발전소에서 만들어진 에너지는 지상으로 2.45GHz의 마이크로파로써 보내진다. 그 마이크로파 전파빔 속을 항공기나 새가 날아가더라도 영향이 없을 정도로 전파빔이 확산되어 있다. 지상의 레크테나군의 중앙부근의 전력 밀도가 최대가 되는 곳에서 $1cm^2$당 $24.3mW$쯤이 되게 설계되어 있다.

그렇지만 상당한 에너지가 빔 안으로 집중되어 있는 것은 사실이다. 지상의 환경을 파괴하지 않는다고 하더라도 지구 상층의 전리층을 가열하여 그 상태를 바꾸어 놓아 부분적으로는 전리층의 환경이 변화하지 않을까 하고 걱정하는 사람도 있다.

우주발전소의 자세를 그릇되게 제어하여 마이크로파 빔이 극지대로 향하게 되어 얼음이 녹고 지구의 기후가 변화하는…… 등의 걱정은 하지 않아도 될 것이다. 지금은 탐사선이 태양계 끝까지도 정확하게 비행할 만큼 기술이 진보한 시대니까 말이다.

9장

전파장애는 막을 수 있는가

캘리포니아호 선장의 명령으로
"우리는 얼음 속에 갇혀 정지해 있다"라는 전문이 송신되었다.
이것에 대해 타이타닉호의 통신사는 퉁명스러운 대답을 보내왔다.
"잠자코 있어 줘. 이쪽은 지금 바쁘단 말이야. 지금 레이스곶과 교신 중이야."
이 교신 중이란 말은 선객들의 전보를 전송 중이라는 뜻이었다. 게다가 캘리포
니아호의 동쪽으로 향한 훨씬 더 강력한 전파가 그것을 방해하고 있었다.

굴레이시 『타이타닉호 침몰의 진상』에서

1. 무한히 발생하는 불필요한 전파

: 전파의 홍수

네덜란드와 미국에는 '아미슈'라는 종교단체가 있다. 그들은 현대문명을 부정하고 놀랍게도 지금도 전기, 가스, 심지어는 자동차조차도 전혀 사용하지 않는 생활을 하고 있다. 우리 생활은 아미슈의 사람들에 비하면 얼마나 고급일까. 우리에게 있어서 전기제품이나 전파제품은 이미 생활에 없어서는 안 될 필수품이다. 에너지 절약을 부르짖으면 금방 에너지를 조절하기 위한 전자기기가 이용된다.

생물체로서의 우리의 몸은 전기로 제어되고 있다. 인류의 고급스러운 사회도 전기로 조절되는 것이 가장 좋을지도 모른다.

우리 주위에서는 도처에서 전파가 이용되고 있다. 텔레비전, 라디오, 마이크로웨이브통신, 레이더, 전자레인지 등등 헤아리자면 끝이 없다. 우리는 원시인이 쬐고 있던 자연전파의 수억 배나 되는 인공전파 속에서 생활하고 있는지도 모른다. 어쨌든 전파의 홍수는 지구 전역에 걸쳐 함

부로 날뛰고 있다. 이와 같은 상태를 전파의 스모그(smog)라 일컫는 사람
도 있다.

서두는 이쯤 해두고 라디오의 스위치를 넣어 보자. 음악을 듣던 노인
이 쓸쓸하게 웃으면서 말할 것이다. "옛날에는 광석라디오로 들었던 음악
도 맑고 깨끗했다. 그게 어떻게 된 노릇인지 지금은 아무리 좋은 라디오
세트를 사와도 맑은 소리를 들을 수가 없거든. 요즘은 잡음이 너무 많단
말이야……."

이 노인의 말을 추궁하여 곤란하게는 만들지 말자. 그의 말에도 일리
가 있으니까 말이다.

: 환경 전자계 공학(EMC)

현재와 같이 전파가 모든 곳에서 이용되고 또 예기치 않은 곳에서부터
전파가 날아오거나 하는 상황에서는 각각 목적이 다른 전파들이 상호 간
에 영향을 주고 있다고 한들 조금도 이상할 것이 없다. 이처럼 전파끼리
서로 영향을 끼치는 현상을 전파간섭이라 일컫는다.

전파간섭에도 여러 가지가 있다. 누가 생각하더라도 아무 쓸모 없는
지적(知的) 정보를 포함하지 않는, 이용 목적이 없는 전파를 전파잡음이라
한다. 그리고 A 씨를 위해서는 절대로 필요한 전파라도 B 씨에게는 잡음
과 같은 전혀 불필요한 전파일 때 이 전파를 방해전파라 한다.

소리의 경우를 생각해 보자. 선전 카의 소리는 잡음이다. 그 스피커로
부터 흘러나오는 말은 극히 일부 사람을 제외하고는 아마도 방해가 될 것

이다. 그 차에 타고 있는 사람은 간섭 인간, 잡음 인간 또는 방해 인간이라고나 할까……

전파의 세계에서도 힘으로써 상대를 억누르는 시대는 이미 지나갔다. 바야흐로 한정된 전파를 효율적으로 이용하는 방법을 상대와 협조해가면서 생각해야 할 단계이다. 이와 같이 전파 상호 간의 협조성, 전파에너지의 효율적인 이용을 연구하는 학문을 환경 전자계 공학(EMC: electromagnetic compatibility)이라 한다. 그리고 이 영역은 공학, 이학(理學), 의학, 사회학, 경제학에도 미치고 있다. 환경 전자계 공학은 인간사회에서 말하자면 불편을 듣고 그것을 처리하기 위한 원칙을 만드는 역할이라 하겠다.

2. 불꽃에서 발생하는 전파잡음

: 자연 잡음

번개는 자연 잡음의 왕자이다. 그리고 번개는 방전불꽃의 왕이기도 하다. 중파나 단파의 라디오를 듣고 있노라면 번갯불이 지나갈 때 찍찍, 끽끽하는 소리가 들리든가 그라인더로 무엇을 깎아내는 듯한 이가 갈리는 소리가 들린 적이 자주 있다. 이것이 번개전파에 의한 잡음이다. 이것이 들리면 신경 쓰여서 도무지 배겨나기 힘들다. 이 번개는 초단파의 영역으로는 전파를 내지 않고 거의 영향을 주지 않는다.

번개가 송전선에 떨어져 서지(surge)라 불리는 비정상적인 대전류가 흐르게 되면, 변전소의 장치 등을 파괴하는 일이 있다. 어떻게 이 서지전류를 대지로 흘려보내느냐는 것은 전기기술자의 솜씨에 달려 있다.

번개의 전파는 공전(atmospherics)이라 불린다. 이 전파는 성장 중에 있는 뇌운으로부터도 발생하고 있기 때문에 번개 예보를 위한 공전(空電) 관측이 행해지고 있다.

자연의 전파잡음에는 대류권에서 발생하는 공전 말고도 지구 상층의 전리층이나 자기권(磁氣圈) 또는 우주의 천체에서 기인하는 것도 많다. 이 잡음은 지구나 우주를 아는 실마리가 되어 지구과학, 우주과학을 연구하는 사람들에 의해 관측되고 있다.

자연잡음에는 전력이 극히 적어 청각을 곤두세우지 않으면 들리지 않는 것도 있다. 그래서 지상에서 발생하는 인공잡음 때문에 관측이 불가능해 지지 않게 연구와 노력을 기울이고 있다.

1955년에 목성에서 일어났던 번개의 초단파전파를 미국의 전파 천문학자가 수신했다. 그 당시 우주의 지적 생물의 존재를 믿고 있던 일부 사람들은 이것을 목성인이 발사하는 것인지도 모른다고 상상했다. 지금은 이런 말을 믿을 사람은 없다.

: 인공 불꽃잡음

인공적인 전기불꽃으로부터도 전파잡음이 발생한다. 전기불꽃을 발생하는 회로나 장치에서는 전류의 흐름이 일정하지 않다. 반드시 전류의 단속(斷續)이 있다. 이 전류의 단속이 전파를 발생하게 한다. 전기불꽃의 왕인 번개에서 발생하는 전파도 사실은 시간적으로 공간을 흘러가는 전류의 단속으로 인한 결과이다.

불꽃잡음이라면 곧 자동차의 가솔린엔진이 머리에 떠오를 것이다. 가솔린엔진의 점화계통은 전류의 단속이 일어나는 대표적인 장치이다. 현재는 엔진의 점화계에서 발생하는 전파잡음을 방지하는 기술이 진보했다. 그러나 자동차의 증가가 너무 격심하여 개개 잡음 발생량을 억제한다고 하더라도 결국은 잡음의 총량은 증가 일로에 있다.

비행기의 출현으로 전투방법이 크게 일변해버린 제1차 세계대전이 끝났을 때, 비행기를 발견하는 방법이 화제가 되었다. 이때 천재라 일컫던 E. 암스트롱은 엔진에서 발생하는 전파잡음을 검출하여 비행기가 날아오는 것을 미리 포착할 수 없을까 하고 생각했을 정도였다. 구식 엔진은 불꽃잡음이 얼마나 발생했던가를 엿보게 한다. 암스트롱은 이 비행기 탐지법에는 좋은 아이디어를 내지 못했다. 그러나 이것이 동기가 되어 나중에는 슈퍼헤테로다인(superheterodyn) 검파 방식과 잡음에 강한 주파수 변조 방식을 발명했다.

버스를 타고 단체여행을 하게 되면 행동 통일을 취하기가 여간 힘들지 않다. 이럴 때 트랜시버(tranceiver)를 구입하여 다른 버스와 연락을 취하는 방법은 좋은 생각이다. 그러나 그 결과 주행 중에 상대방의 말소리가 전혀 들리지 않았다는 경험을 한 사람도 있을 것이다. 이것도 불꽃잡음이 원인이다.

신칸센의 집전기(集電器) 팬터그래프(pantagraph)의 불꽃에서 발생하는 전파잡음은 전동차의 시속이 150㎞를 초과하게 되면 급격히 증가한다. 이 전파잡음 때문에 텔레비전 화면에 점선이 흘러가듯 하는 시청 곤란 현상을 경험한 사람도 많을 것이라고 생각한다. 이 팬터그래프로부터의 불필요한 불꽃전파의 복사는 팬터그래프를 페라이트 재료로 감싸면 약화한다는 사실이 알려져 있다. 차츰차츰 개선되어 갈 것이라고 생각한다.

〈그림 9-1〉 일본 신칸센의 불꽃잡음

전기불꽃의 잡음은 일용품에서도 나오고 있다. 전기면도기, 세탁기, 전기톱, 전기청소기 등 모터를 사용하는 제품이나 형광등처럼 방전현상을 이용하는 것에서부터 전파잡음이 나오고 있다. 그것을 확인하려면 텔레비전 가까이로 다가가 화면에 점박이의 줄무늬가 나타나는가를 보면 된다.

하기는 최근의 제품에는 콘덴서와 저항을 첨가하여 불꽃이 쉽게 발생하지 않도록 만들고 있다. 이때는 텔레비전에 장애가 나타나지 않는다.

3. 처리 곤란한 전파방해

: 혼신과 전파 재킹

라디오의 동조 손잡이를 돌려보자. 일정한 주파수인 곳에서 일정한 방송이 나오게 마련이다. 이것으로부터 한 주파수에는 하나의 방송이 할당되어 있다는 것을 알 수 있다. 지금 이것을 무시하고 한 주파수에 둘 이상의 방송을 동시에 할당하면 혼신(混信)이라는 현상이 일어난다.

동일 주파수에 두 개의 독립된 전파가 날아다니면 수신기에서는 이 두 개의 독립된 말소리가 동시에 들리게 된다. 열 사람이 한꺼번에 지껄이는 말을 동시에 알아들을 수 있는 수신기가 만들어지지 않는 한 중복되는 말소리, 혼신이 일어난다. 혼신이 일어나지 않게 전파행정으로 주파수를 할당하고 있다. 그러나 전파의 이용추세가 엄청나게 증가하여 어느 주파수 대에서도 큰 혼잡상태를 이루고 있다. 혼신이라는 현상은 우리 가까이에서 일어나는 문제이다. 미국에서는 전자 게임의 전파가 근처의 텔레비전에 섞여들어 화질을 안 좋게 만들어 문제가 되고 있다.

지방자치단체에서는 각지에서 일어나는 지진이나 홍수 등을 예측하여 비상시에 대비하려고 서로 앞다투어 긴급용 재해방지 무선통신을 설비하고 있다. 이 긴급무선에 혼신이 일어나게 되면 정보가 뒤죽박죽으로 섞여들어 듣는 사람에게는 어느 쪽 말을 믿어야 할지 모르게 되는 큰 혼란이 빚어진다. 긴급 시에는 당황하지 않는 사람이 없고 그렇기 때문에 큰일이 생긴다. 긴급무선을 위해서는 현재는 혼신을 쉽게 일으키지 않는 멀티 액세스(multi access) 방식이라는 방법이 도입되기 시작하고 있다고 한다. 그런데 만약 강력한 전파로 일부러 혼신을 일으킨다면 어떻게 될까. 수신기에서는 강한 전파는 강하게 수신한다. 그래서 텔레비전 만화에서 흔히 보듯이 강력한 전파를 사용하여 텔레비전 화면을 방해해 독차지할 수도 있다.

이 텔레비전 화면의 전파 재킹이라고도 할 만한 사태가 1978년 1월, 일본의 수도 도쿄의 신주쿠 주변에서 일어났다. 화면에 불법으로 나타난 인물이 뭔가 연설 비슷한 것을 하고 있었다. 장난이거니 하고 웃어넘길 수도 있겠지만 그것이 만일 어떤 악질적인 의도의 장난이라면…… 이런 것도 문제이다. 혼신은 예기치 않은 원인으로 발생하는 경우가 있다. 1978년 6월에 일본의 동북지방에서 1~3채널의 텔레비전에 난데없이 공산권의 전파가 혼신을 가져왔다. 때아닌 외국말이 안방을 침범하고 화면이 보이지 않게 되었다고 한다. "이게 웬일이냐. 더위로 텔레비전까지 돌아버린 게군" 하고 이제는 새것을 사야겠다고 말한 사람이 있었다던가…….

사실은 텔레비전이 돈 것이 아니라 동해 해상의 기상에 이상이 생겼던 것이다. 나중에 조사한 바에 따르면 이 해상에서 급격히 성장한 스포라딕 E층(sporadic E-layer)이라 불리는 전리층이 공산권의 전파를 비정상적으로 멀리 일본까지 전파했던 것이라고 한다. 상대가 자연현상인데 어쩔 도리가 없다.

: 비트의 혼입·혼변조

지금에 와서 생각하면 그냥 웃어넘길 일이지만 전파통신의 연구 도상에는 여러 가지 일이 있었다. H. 워커라는 사람은 1919년 5월, 해상에서 지구상의 말이라고는 생각할 수 없는 괴상한 신호를 수신했다고 했다. 1921년 9월에는 마르코니가 바다 위에서 괴전파를 수신했다. 이때 마르코니회사의 지배인이었던 J. 맥베스는 이것은 단순히 전파가 서로 장애를 미치고 있는 현상이 아니라 화성에서 오는 우주 신호라고 발표했다.

지구 외에서 발생한 장파의 전파가 있더라도 장파를 반사하는 전리층을 꿰뚫고 지상에까지 도달하는 것은 지극히 특수한 경우밖에는 생각할 수가 없다. 지금이라면 누구나 다 그렇게 생각할 것이다. 그러나 당시의 사람들에게는 이런 얘기가 꿈처럼 엉뚱한 방향으로 비약했던 것이다.

전파방해 문제는 진공관을 이용한 고감도의 송·수신기가 개발되고 실용화된 이 시대부터 보고되기 시작했다. 전파의 발생이나 수신, 증폭에는 옛날에는 진공관이 쓰였고 지금은 트랜지스터가 이용되고 있다. 이 소자(素子)에는 비직선성이라는 복잡한 특성이 있다. 주파수 f의 전파를 발생시켰을 때 그것과 동시에 고조파라 불리는 본래의 주파수의 정수배가 되는 주파수의 전파 등, 본래는 불필요한 여분의 스푸리어스(spurious)전파라 불리는 것이 발생한다. 전파를 발생시킬 때 스푸리어스전파의 전력은 본래의 희망 전파의 전력에 비해, 이러이러한 정도 이하가 되어야 한다는 규칙이 있다. 그러나 미소한 양이라도 발생한 것은 안테나로부터 복사되어 스푸리어스전파로서 나쁜 영향을 주게 된다. 또 수신기에도 비직선성이라는 특성이 있기 때문에 거기서도 스푸리어스전파가 발생하는 경우가 있다. 이 스푸리어스전파의 방해를 가리켜 비트(beat) 혼입이나 혼변조(混變調) 또는 상호변조 등으로 부르고 있다.

1968년 1월 북한에 의해 공해상에서 미국의 푸에블로호가 나포된 사건이 있었다. 이때 미국의 항공모함 엔터프라이즈호가 대한해협으로부터 동해로 북상했다. 때마침 일본의 산인(山陰) 지방에서 텔레비전 화면이 흐트러진 현상이 일어났다. 엔터프라이즈호의 레이더 전파가 텔레비전에 섞여들어 증폭된 것이 아닐까 하는 소문이 나돌았다.

또 자동차에서 FM 방송을 듣고 있을 때 갑자기 달라진 목소리로 대화가 섞여드는 일이 있다. 그럴 때는 주위를 한번 살펴보자. 자기 차 바로 곁에 안테나를 뽑아놓은 다른 차가 있을 것이다. 이 갈라진 목소리의 주인공은 조정이 불량한 아마추어 무선의 21㎒, 28㎒의 전파이거나 불법으로 발사한 27㎒의 시민밴드용 CB 통신의 전파의 고조파일 것이라고 한다. 액셀러레이터를 꽉 밟아 그 차와 20m 이상의 간격이 벌어지게 하면 이런 갈라진 목소리는 뚝 끊기고 들리지 않게 된다.

〈그림 9-2〉 항공모함 엔터프라이즈호의 사령탑
: 안테나의 형상이 사령탑의 형태를 결정하고 있다

텔레비전이나 라디오만 전파가 혼입되는 대상이 되는 것은 아니다. 스테레오나 테이프 레코드나, 전기악기, 심지어는 전화나 포켓벨에도 전파가 섞여드는 때가 있다. 레코드를 듣고 있는데 난데없이 엉뚱한 말소리가 끼어들어 깜짝 놀라는 경우도 있다.

라디오를 듣고 있는 것도 아닌데 어째서? 하고 이상하게 생각할지 모른다. 사실은 스테레오 세트와 분리해 둔 스피커를 연결하는 선이 아무래도 안테나로 작동하여 불필요한 전파를 수신하고 있는 것 같다. 세트로 들어간 전파는 어디를 어떻게 돌았는지 음성이 되어버린다. 전파를 내고 있는 정체는 카 무선을 즐기고 있는 사람들의 자동차이다. 그 차가 스테레오에 약 30m 이내로 접근하면 들리게 된다.

이와 같은 현상은 조정만 정확하게 되어 있으면 아마추어 무선의 SSB 변조의 전파에서는 일어나기 힘들다. 미국 등에서 크게 유행하고 있는 27㎒의 이른바 시민밴드 CB 무선기를 일본에서 이용하고 있는 자동차로 인해 일어나고 있는 것 같다.

이 현상은 송신안테나에서 지극히 가까운 데서 일어나고 있다. 전파를 내는 쪽은 되도록 불필요한 전파를 내지 않도록 하고, 수신기 쪽은 불필요한 전파를 되도록 수신하지 않도록 개량되어야 할 것이다.

4. 제어장애

: 계산기는 만능인가

라디오나 텔레비전에 불필요한 전파가 섞여들 정도라면 불쾌하다는 정도로 그치겠지만 그보다 더 말썽이 되면 문제가 달라진다.

누구나 다 자유로이 사용할 수 있는 시민밴드 CB 통신이 전성기에 접어든 미국에서의 이야기이다. 어쨌든 이웃 동네까지는 100㎞나 떨어져 있는 워낙 넓은 나라여서 통신 거리를 늘리기 위한 불법적인 강력전파의 발사가 유행한다고 해도 이상할 것이 없다. 그렇게 시민밴드 통신이 원인으로 일어날 만한 사고가 발생한 것이다.

고속도로를 달려가던 자동차 한 대가 갑자기 엔진 고장을 일으켜 급정거를 했다. 그런데 때마침 뒤를 달려오던 차가 있었기 때문에 그 차가 충돌하고 말았다. 엔진이 멎은 차는 전자조절이 되는 가솔린 흡입 점화 자동장치가 달린 신형차였다. 그리고 사고가 발생했을 때 때마침 맞은편 차선을 달려오던 차가 시민밴드로 교신 중이었다는 사실이 밝혀졌다.

원인은 뻔하다. 맞은편 차선을 달려오던 차의 시민밴드의 전파가 지나치게 강력했기 때문에 사고 차의 전자조절장치에 섞여들어 그 장치를 잘못 작동하게 만들었기 때문에 엔진 고장이 일어난 것이다.

1964년 일본의 국영철도가 컴퓨터로 좌석 지정 차표의 전국자동계약 시스템을 시작했을 때의 이야기이다. 한 좌석에 두 장의 차표가 겹치기로 발행되는 일이 종종 있었다. 이웃 자리에 미인이나 미남이 앉았을 경우에는 같은 좌석권을 가진 두 사람이 서로 "이건 내 자리다" 하고 다투게 될지도 모른다. 계산기의 그른 작동을 상대방 탓으로 돌려 언쟁을 벌이다니 아직 계산기에 익숙하지 못했던 시대의 이야기라고 웃어넘겨 버릴 수만은 없는 일이다.

계산기는 인간보다 미스가 적다고 한다. 아무 일도 없다면야 확실히 그러하다. 그러나 어떤 잡음이 섞여들어 그릇된 신호가 발생하더라도 컴퓨터는 그것을 올바른 신호로 판단하여 그대로 정확히 틀리게 작동하게 된다. 이 점이 인간과 기계가 전적으로 다른 점이다. 인간에게는 "이건 좀 이상하다"라고 생각하는 판단력이 있다.

계산기가 처음 등장했을 때는 여러 가지 일이 있었다. 같은 계산을 몇 번이나 되풀이해도 각각 다른 결과가 나오기 때문에 끝내는 계산기가 고장 난 건가 하고 생각하며, 무심코 바깥을 내다보았더니 바로 근처에서 레이더의 안테나가 돌아가고 있었더라는 얘기도 있다. 레이더 전파가 계산기에 섞여들고 있었던 것이다.

이제 계산기는 우리 생활에 없어서는 안 되는 것이 되었다. 잘못된 작동을 잘 일으키지 않는 것이 연달아 생산되고 있으나 그래도 때때로 이상한 일이 일어난다. 원인 불명으로 신칸센이 정지한 일도 있었다. '믿는다'는 것은 좋은 일이지만 '과신'하는 데는 약간의 저항을 느낀다.

계산기라면 또 그런대로 용납될 수 있다. 전기기계의 잡음이 어쩌다가 의료기계에 섞여드는 일은 절대로 있어서는 안 된다. 남의 일이 아니다. 바로 우리 자신이 환자가 되어 버리는 경우도 있을 테니까.

: ???

1977년 5월까지 오키나와에는 VOA라는 중국을 대상으로 하는 미국의 방송국이 있었다. 이 방송국의 송신전력이 지극히 컸기 때문에 방송국 주변에서 여러 가지 이상한 소문이 나돌았다. 그런 소문 가운데 이런 것이 있었다. 철사가 양철지붕에 닿으면 온통 지붕 전체에서 음악이 흘러나온다는 것이다.

이 으스스한 사건에 한때는 도깨비장난이 아니냐는 말까지 나돌았으나 이 현상은 아무래도 방송국이 원인인 것 같았다. 철사가 방송전파를 수신하여 철사와 양철지붕의 접촉 부분에서 전파가 광석라디오처럼 검파되어, 거기서 재생된 음악이 양철지붕에 공진하고, 양철지붕이 스피커를 대신하고 있는 것 같다. 대전력 방송국 주변이 아니고는 일어날 수 없는 현상일지도 모른다. 일부 사람들에 의해 UFO의 전자기 간섭이 보고 되고 있다. 사실인지 아닌지는 체험자에게 맡기기로 하고 그 보고에서 언급된 것을 살펴보자.

UFO가 접근하면 모든 전기계통이 작동하지 않게 된다고 한다. 자동차의 엔진은 꺼지고 헤드라이트도 꺼진다. 라디오와 텔레비전에는 잡음이 섞여들어 분명히 전자기 간섭인 듯한 현상이 일어난다. 또 UFO가 어떤 종류의 전파를 발생하고 있는 것 같다는 보고도 있다. 많은 사람의 보고에 따르면 UFO가 접근하면 자기이상(磁氣異常)이 일어난다고 한다.

이런 현상은 UFO가 멀어지면 원상으로 되돌아간다고 한다. 그래서 UFO에 관심이 있는 사람들은 이런 전자기현상(?)을 이용하여 UFO를 발견하고 검출할 가능성이 없을까 생각하고 있다. UFO의 현상을 생각해 볼 때, 우리가 가지고 있는 전자기현상의 이론에 뭔가 맹점이 있거나 그냥 보아 넘기고 있는 것이 있지 않을까 하는 생각이 들기도 한다. 어쨌든 인류 자손들의 슬기에 기대를 걸어볼 일이다.

: 전자유도장애와 광섬유 케이블

우리는 어릴 적부터 전주와 전선을 보면서 자라왔다. 아무 의심도 품지 않고 전기는 저 두 줄의 전선을 전도하는 것을 알고 있다. 이것을 좀 더 정확하게 전문적으로 표현해 보자. 그렇게 하면 전기가 전선을 흐르는 현상은 사실 전기가 전파에너지로서 두 줄의 도선 주위의 공간을 전파하는 현상이라고 표현할 수 있다. 이 결론은 좀 의외라고 생각될지도 모른다. 우리가 익숙히 보아온 두 줄의 전선은 사실은 단순히 전파를 유도하는 수단에 불과하다. 도선을 전도하는 전류나 거기서 측정되는 전압이란 것은 전파로서 그 공간을 전파하는 에너지를 단순히 표현하는 하나의 표시방법에 지나지 않는다. 전문적으로는 전류나 전압은 전파에너지의 도선 위에서의 경계조건(境界條件)이라는 것이 된다. 사용 전파의 파장에 비해 지극히 큰 금속판에 작은 구멍을 두 개 뚫어 놓고 거기에다 두 줄의 도선을 통한 구조를 생각해 보자. 이때 두 줄의 도선에 유도된 전파는 금속판에서 반사하기 때문에, 두 줄의 도선은 금속판의 저쪽 편까지 이어져 있더라도 이미 거기에는 전류가 흐르지 않게 되는 것이다.

그러면 전기는 공간을 전도한다는 올바른 발상 아래 독립된 정보를 전송하고 있는 두 개의 통신선이 배열되어 있는 상태를 생각해 보자. 도선이 서로 이어져 있지 않더라도 공간을 통해서 두 줄의 통신선은 전기적, 자기적으로 결합되어 있다. 미약하게나마 서로의 통신선에 신호가 섞여든다 해도 조금도 이상할 것이 없다. 이와 같이 공간을 중개하여 섞여들어서 장애를 주는 현상을 통틀어서 전자유도장애라고 한다.

고압 송전선과 전화선이 교차해 있는 곳에서는 흔히 그 사이에 쇠그물이 쳐진 것을 볼 수 있다. 그것은 고압선이 절단되었을 때 전화선을 보호하는 것이 목적이 아니다. 고압선을 흐르는 전류나 낙뢰 때 흐르는 서지전류가 전화선에 전자유도현상을 일으키는 것을 방지하기 위한 차폐용 쇠그물인 것이다. 전력선과 통신선에 대해 한 걸음 더 깊이 생각해 보기로 하자.

발전소나 변전소에서는 고전압에 견딜 수 있는 특별한 전력선으로써 고압의 전기에너지를 운반한다. 그리고 전기에너지의 발생량과 전송량을 조절하기 위해 전력선 가까이에 반드시 제어용 통신선이 달리고 있다.

그래서 어떤 사고로 인해 전력선에 사고가 일어나 대전류가 흐르게 되면, 통신선에도 유도장애가 일어나고 만다. 이럴 때는 사고를 알리거나 사고의 피해를 최소한도로 방지하기 위한 제어신호를 보낼 수가 없게 되는 수가 있다. 이런 큰 문제를 해결하는 한 가지 방법으로 통신선 쪽에다 광섬유 케이블을 사용하는 방법이 있다.

전파와 빛 사이에는 상호 간에 간섭이나 결합 현상이 없다. 광케이블에는 전파가 전파하지 않기 때문에 방해전파는 광케이블을 그대로 지나쳐 버린다. 그리고 광케이블을 전도하는 광신호는 교란되지 않고 안정하다.

비행기는 그 자체가 전자기기라고 해도 지나친 말이 아니다. 비행기 속에 사용되고 있는 통신 케이블은 전에는 통상적인 전파를 이용하는 케이블을 사용하고 있었다. 이것이 지금은 광케이블로 전환되고 있다. 비행기에 번개가 떨어졌을 때 번개의 대전류가 통신 케이블에 섞여들고 거기서 스파크가 발생하지 않는다고 단정할 수는 없다. 우연히 거기에 기체화한 가솔린이 떠돌거나 하여 큰 참변이 일어난다면 큰일이다. 광케이블로 번개 전류를 커트하면 기화 가솔린이 있더라도 안심(?)이다.

일반 공장에서도 전력을 많이 사용하고 있다. 공장의 전자유도장애를 없애기 위해 여기서도 광케이블이 쓰이게 될 것이다.

5. 텔레비전의 고스트와 반사 전파장애

: 텔레비전의 고스트

TV 시대인 오늘날에는 노래는 '듣는 것'이 아니라 '보는 것'이라고 하는 편이 나을지도 모른다. 노래는 들리지 않아도 좋으니까 의상이나 동작만 뚜렷하게 보여 주었으면 좋겠다는 사람도 있다. 텔레비전 화면의 화상이 이중, 삼중으로 겹쳐져 보이는 고스트(ghost)라 불리는 전파장애는 유감스럽게도 도심지에서는 이미 보편화 되어 있다.

고층 빌딩이 들어서면 그 주변에서 텔레비전 화상이 이중이 되는 수가 있다. 또 도심지는 말할 것도 없고 부도심지대에서도 고층 빌딩이 마구 난립하게 되면 거기서 멀리 떨어진 지역의 일부에서도 이 부도심지로 인한 고스트가 발생하여 문제가 된다. 텔레비전의 고스트는 방송국의 송신안테나로부터 가시거리 내의 공간을 통해 직접 가정의 수신안테나에 들어온 전파에, 송신안테나에서 다른 방향으로 발사된 전파가 빌딩 등의 전파반사체에서 반사하여 이것이 섞여들어 수신되는 현상이다. 만약 여러분의 텔레비전에 고스트가 일어나고 있다면 그 원인이 되는 전파반사체를 어느 정도 찾아낼 수 있다. 전파는 광속도로 전파한다. 그래서 상과 고스트상의 간격은 송신안테나와 수신안테나의 가시거리와 전파반사체에서 반사해 온 전파의 통과경로의 길이와의 차이에 관계된다. 역산한다면, 이를테면 17인치의 텔레비전에서 1cm가 처지는 고스트가 있다면 이것의 거리 차는 약 500m가 된다.

텔레비전 고스트의 원인이 되는 전파반사체는 뭐니 뭐니 해도 고층 빌딩이다. 그밖에는 송전선이나 철탑, 철교, 가스탱크, 골프장의 쇠그물, 고속고가다리, 고속열차 등 헤아릴 수 없이 많다. 여러분 집 주위에서 고스트의 원인이 될 만한 것이 발견되지 않았는지?

이 고스트는 한마디로 말해서 전파의 불필요한 반사현상인데 자세히 살펴보면 매우 복잡한 것 같다. 고층 빌딩으로부터의 반사전파를 생각해 보자. 반사전파의 세기는 아침과 낮, 밤으로 각각 변화하고 날씨가 맑거나 비가 오느냐에 따라서도 달라진다. 또 비슷한 날씨라도 일요일과 월요일과는 상태가 달라진다고 한다. 아무래도 반사전파에 영향을 주는 것은 건물이나 시간, 날씨뿐만 아니라 빌딩 속에서 생활하는 사람의 수와도 관계가 있는 것 같다. 세세히 생각한다면 끝이 없다.

움직이는 물체도 고스트의 원인이 된다. 신칸센은 너무도 유명하다. 비행기는 무시할 수 없다. 국제공항 주변에서는 항공기의 이 착륙에 맞춰 텔레비전의 화면이 흔들리고 컬러텔레비전의 색상이 반전하거나 화면이 허물어지는 경우도 있다. 비행기가 자꾸 대형화하고 점점 더 이착륙하는 횟수가 늘어나고 있다. 공항 주변에 사는 사람들에게는 큰 골칫거리이다.

이와 같은 텔레비전의 고스트 장애에는 과연 어떤 대책이 있을까.

: 텔레비전의 고스트 대책

고스트의 대책은 반사전파를 발생하는 건물 등의 대책, 수신안테나의 대책, 수신기의 대책, 이렇게 세 방향에서 검토되고 있다. 먼저 건물 등으로부터 반사전파를 없애는 방법에 대해 생각해 보자.

한 가지 방법은 건물의 벽면을 피라미드처럼 안쪽으로 기울어지게 하여 불필요한 반사전파를 하늘로 반사하거나, 벽면을 곡면으로 하여 불필요한 전파를 한 방향이 아닌 모든 방향으로 확산시켜 그 강도를 약하게 만들어버리는 방법이다.

골프장의 쇠그물은 약간 비스듬하게 치는 방법으로 해결할 수 있다. 도심지에 있는 호텔에서는 벽면이 곡면으로 설계된 것도 있다. 그러나 빌딩의 창틀에 쓰이는 알루미늄 새시는 텔레비전 전파에 공진하는 크기와 가깝기 때문에 이것으로 완전히 해결될 수 있다고는 말할 수 없다. 그런데 제5장에서 소개한 것처럼 전파 흡수체라고 하여 전파가 부딪치면 그 전파를 흡수해버리는 재료가 있다. 이 흡수체로 송전선 철탑의 철골을 둘러싸면 거기서 나오는 불필요한 전파반사를 억제할 수 있다. 이와 같은 전파 흡수체의 이용방법을 전파를 가리는 '도롱이'라 부르는 사람도 있다.

현재 흔히 이용되고 있는 펠라이트를 중심으로 한 전파 흡수체는 무게가 무거운 것이 단점이다. 불필요한 반사전파를 없애려고 고층 빌딩에 이

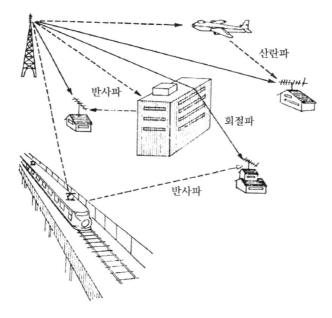

〈그림 9-3〉 반사전파 장애

것을 붙여두면 그 무게를 견디다 못해 빌딩이 뚝 부러지는…… 그런 일도
일어날지 모른다. 그러나 건물이 튼튼할 때는 이런 전파 흡수체를 이용하
는 것도 좋은 방법이다. 일본의 히가시오사카(東大阪)시에 있는 하수처리
장 건물은, 일본에서는 처음으로 전파 흡수체가 부착된 고스트 대책이 취
해진 건물이다. 다음은 수신안테나의 대책을 생각해 보자.

　안테나에 관해서 말한다면 불필요한 전파가 도래하는 방향으로부터

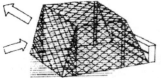

반사파를 상공으로 돌린다

(a) 골프장의 네트의 예

(b) 평면구획 위의 벽면을
갖지 않은 건물.
전파를 사방으로 산란한다.

(c) 전파 흡수체를 장착한 건물.
내부에 묻혀 있으므로 바깥에서는
안 보인다.

〈그림 9-4〉 전파반사가 적은 건조물

의 전파는 수신하지 않는 안테나를 만들면 된다. 구체적으로는 안테나의 지향성(특정 방향으로부터 오는 전파만을 수신하는 성질)이라 불리는 전파 수신 특성을 조절하는 것이다. 고스트 대책용 안테나로는 여러 가지 방법이 제 안되어 있으나 텔레비전의 1~12채널의 전역에 걸쳐 지향성을 컨트롤한 다는 것은 어려운 일이며 앞으로 연구할 문제가 남아 있다.

마지막으로 텔레비전 수신기의 대책법으로는 텔레비전 수신기 속에 서 고스트를 지워버리는 신호를 자동적으로 만들어주는 방법이다. 이상,

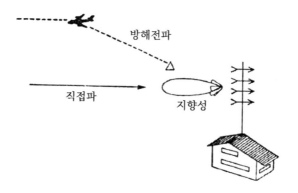

〈그림 9-5〉 안테나의 지향성을 개량하여 방해전파를 수신하지 않는다

어느 방법에나 다 일장일단이 있고 현재로는 텔레비전의 고스트 대책으로서 결정적인 방법이란 아직 없다. 좋은 방법을 발견한다면 틀림없이 돈방석에 올라앉을 수 있을 것이다.

비행기로부터의 반사파에 의한 고스트는 반사파의 근원이 되는 것이 하늘을 이동하기 때문에 한층 더 어려운 문제이다. 현재는 안테나의 지향성을 컨트롤하는 방법으로 연구가 진행되고 있다.

: 그 밖의 반사전파 장애

반사전파의 장애는 텔레비전의 고스트만 있는 것이 아니다. 도로 위에서는 각종 건물에서 반사하여 여러 방향에서 온 전파가 뒤섞여 있다. 그

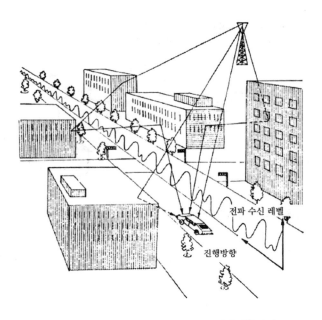

<그림 9-6> 시가지에서의 전파의 다중반사에 의한 간섭

래서 이들 전파가 서로 겹쳐지고 간섭하여 전파가 강한 곳과 약한 곳이 주기적으로 '발' 모양으로 형성되게 된다. 이 강약의 간격은 FM이나 텔레비전 전파에서는 1~2m가 된다.

　단순히 텔레비전만을 수신하는 것이라면 전파가 강한 곳을 찾아 그 위치에 안테나를 설치하면 문제가 없다. 그러나 자동차에서 FM 방송을 들을 때는 어떻게 될까. 자동차의 안테나는 전파가 강한 곳과 약한 곳을 번

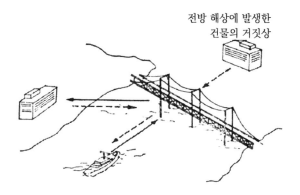

전방 해상에 발생한
건물의 거짓상

〈그림 9-7〉 대형 다리에 의한 레이더의 거짓상 발생

갈아 통과한다. 이 때문에 자동차의 주행에 따라 소리의 강약이 나타난
다. 이로 인해 이득 자동제어 장치(또는 정음량 장치) AGC(automatic gain
control)가 달린 수신기에서는 찍찍하는 잡음이 들어와 모처럼 뽐내는 FM
수신기도 형편없이 되고 만다. 이와 같은 현상은 빌딩이 난립하는 시가
지, 특히 고가도로 밑에서 두드러진다고 한다. FM 방송이라면 아예 안 들
어버리면 되겠지만 이것이 자동차 전화, 그것도 긴급을 요하는 것이라면
그렇게만 말하고 있을 수는 없다.

　해상에서도 반사장애가 있다. 펠리 보트를 탔을 때 그 텔레비전 화면
을 살펴보자. 배가 항구를 떠날 때와 항구에 접근할 때는 육지로부터의

쓸데없는 여분의 반사전파를 받아 텔레비전 화면이 주기적으로 흐트러진다. 배가 바다로 나가버리면 이 흐트러짐은 없어진다. 그런데 해상에서는 또 한 가지 큰 문제가 있다. 국토개발을 위해 건설되고 있는 대형 다리가 그것이다.

해상을 항행하는 선박의 레이더로 다리를 보면 그 위치에 다리가 비친다. 그런데 곤란한 점은 다리에서 반사한 전파가 다른 물체에 부딪쳐 그 반사파가 다시 다리에서 반사되어 레이더 수신기로 되돌아온다는 것이다. 단순히 눈으로 볼 적에는 아무것도 없는 다리 저편 쪽에 뭔가 있는 것과 같은 거짓상(虛像)이 화면 위에 나타나게 된다. 이렇게 되면 반사 전파 장애도 인명과 관계되는 중대한 문제이다.

물체로부터의 반사전파는 통신을 위해서는 전적으로 불필요한 것이지만 레이더의 관점에서 반사전파는 절대로 필요하다. 전파 이용의 다양성을 이런 데서도 엿볼 수 있다.

6. 핵폭발과 전파장애

: 핵전자기 펄스(EMP)

일본은 지금 이른바 비핵 삼원칙(非核三原則)이란 것을 준수하고 있다. 그렇다고 하여 핵(核)에 대해서 아무것도 몰라도 된다는 것은 아니다. 냉정하게 직시할 필요가 있다. 악(惡)을 정면으로 응시하면서 그 위에서 선(善)을 행하는 것이 인간의 인간다운 생활방법이 아닐까 생각한다.

핵폭발이 일어나면 고온·고열 때문에 그 공간은 플라스마 상태로 된다. 이 플라스마가 순간적으로 지구자기장을 따라가며 급격히 이동하기 때문에 지극히 강력한 펄스전파가 발생한다. 이것이 핵전자기펄스 EMP(electromagnetic pulse)라 불리는 전파이다. 이 펄스는 거의 순간적으로밖에는 발생하지 않지만 산모가 거물인 만큼 전자기펄스의 왕초가 될 것이다.

현재 미국에서는 이 펄스 연구에 대단히 열을 올리고 있다. 들리는 말로는 핵폭발 조사용 비행기의 전자장치가 핵폭발에 직면하여 정확하게

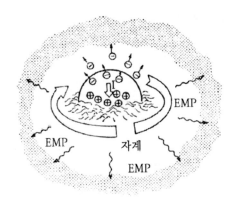

〈그림 9-8〉 핵폭발로부터 전파가 발생한다

작동하지 않았던 일이 있었는데 이것이 동기가 되어 이 연구를 시작했다
는 소문이다. 어째서 전자장치가 작동하지 않았을까. 핵전자기펄스는 번
개전파와 닮았다고 한다. 번개가 비행기에 떨어져서 전자장치가 파괴되
는 것과 같은 현상이 일어났을 것이다.

관계자들에게는 중대한 문제이다. 핵폭발이 일어나면 그 주변의 각종
전자장치, 통신장치를 모조리 못쓰게 된다는 경고이기 때문이다. 과연 핵
대국인 미국이 아니고서는 생각할 수 없는 특수한 전파장애라 하겠다.

: EMP 대책

핵전자기펄스 장애를 일으키지 않게 하는 대책을 생각할 수 없을까.

핵전자기펄스는 번개전파와 닮았다고 했다. 그래서 번개전파의 대책을 본으로 삼아 연구를 진행한다면 어느 정도의 대책이 가능할 것이다.

그런데 핵전자기펄스란 도대체 무엇일까. 그것을 충실히 측정하지 못한다면 대책에도 손을 쓸 수가 없다는 얘기가 된다. 전파를 측정하는 장치에는 여러 가지 것이 있다. 그러나 곰곰이 생각해 보면 사실은 펄스전파를 정확하게 측정하는 장치가 아직껏 없었다. 핵전자기펄스는 위험한 것이다. 그 위험한 것이 펄스전파 계측의 중요성을 우리에게 인식시켜 주었다. 자동차의 점화장치에서부터 발생하는 전파도 핵전자기펄스와 에너지의 차이는 있을망정 같은 펄스이기 때문이다.

10장

전파는 생체에 해로운가

하얀빛을 띤 자석은 사랑의 미약으로 쓸 수 있을지도 모른다는
이야기가 있다. 하리 아바스는 깊은 생각도 없이 함부로 말하기를 자석을
손에 쥐고 있으면 통풍과 경련증이 낫는다고 했다.

길버트 『자석론』에서

1. 전파를 이용하는 의료

: 디아데르미(diathermy)

온천은 우리에게 있어 마음의 오아시스이다. 몸이 더워지고 혈액 순환이 좋아지면 피로가 단번에 싹 가신다. 이런 심정은 온천을 잘 모르는 외국 사람들은 좀처럼 이해가 잘 가지 않을 것이다.

지금 우리 몸에 두 개의 전극을 달고 그 사이에 40~50㎒의 미약한 고주파전류를 흘려보자. 전극 사이에 낀 부분은 그 체내 조직의 전기전도도의 분포를 쫓아 마치 전열기가 가열되듯이 가열되어 열을 낸다. 그리고 이 가열된 부위에서는 혈액순환이 증진되고 신진대사가 촉진되어 그 부분만이 마치 온천에 들어간 것 같은 느낌이 된다. 이것이 디아데르미(diathermy)라 불리는 물리요법이다. 디아데르미는 신경이나 근육의 통증, 마비의 치료에 이용되고 있다.

전류를 신체에 흘려보내는 방법에서는 두 개의 전극을 몸에 닿게 하지 않으면 안 되는 것이 결점이다.

: 감전사고

디아데르미에서는 우리 몸에 전류를 느끼게 한다. 그런데도 어째서 감전이 안 될까. 사실은 우리 몸에는 주파수에 대한 선택성이 있고 직류나 고주파에서는 보통 감전을 일으키지 않는다. 그러나 대전류가 흐를 때는 문제가 달라진다. 감전을 일으키는 것은 50~300Hz의 주파수에서 50V 이상의 전압이 가해졌을 때가 위험하다고 한다. 인체의 저항은 1~2kΩ이다. 1mA가 흐르면 전기를 느끼게 되고, 5~20mA가 흐르면 통증과 고통을 느끼며 20mA 이상이 흐르면 위험하고, 50mA를 넘으면 심장이 멎는다고 한다. 전등선을 이용하여 디아데르미를 실험해보겠다는 따위의 일은 결코 해서는 안 된다. 위험하다.

: 마이크로파 치료기

전자레인지에 관한 부분에서 말했듯이 제2차 세계대전 중 레이더 기술자들 사이에서는 강력한 레이더 전파에 손을 쬐면 손이 더워진다는 사실이 알려졌다. 마치 신체의 일부가 전자레인지 속에 들어 있다고 생각하면 된다.

신체에 쬐어진 마이크로파 전파는 체내로 투과, 침입하여 전류로 바뀐다. 그리고 이 전류가 열의 발생원이 된다. 그래서 아까 말한 디아데르미와 마찬가지로 마이크로파로써 의료기기를 만들 수가 있다. 이 장치에서는 신체에 전극을 부착할 필요가 없고 단순히 전파를 복사하는 반구형(半球型)의 밥공기 같은 모양의 안테나를 환부에 향하게 하면 되는 것이 특징이다. 마이크로파로써 체내로부터 마사지를 하는 것은 온천에 들어간 것과는 또 다른 효능이 있을 것이 틀림없다.

이와 같은 마이크로파에 의한 조직의 가열은 단순히 조직을 가열하면 혈액순환을 좋게 하고 신진대사를 촉진한다는 소극적인 이용방법만은 아니다. 특히 41℃ 이상의 고온에서는 약하다고 하는 암세포의 가열파괴에 방사선 요법과 병용함으로써 장래에는 더욱 적극적으로 이용될 것이다.

: 마이크로파 청진기

마이크로파 청진기라 불리는 것이 있다. 등에 마이크로파를 쬐이고 배에는 소형의 마이크로파 수신안테나를 접촉시키면 몸을 투과한 마이크로파를 수신할 수 있다. 이 수신전파로부터 허파나 심장(心臟)의 상태를 조사하는 것이다. 이 장치는 현재 2GHz 근처의 전파를 이용하여 연구되고 있는데, 분해능력의 향상과 더불어 암 등 종양의 진단에도 이용될 것이다.

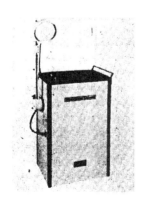

〈그림 10-1〉 마이크로파 치료기
: 밥공기 모양의 부분이 마이크로파 복사용 안테나이다

2. 갖가지 소문

: 전기와 생체

옛날, 유럽에서는 전기가오리와 전기뱀장어에 관한 연구가 있었다. 또 뇌운 아래서 금속 조각을 부착한 개구리 다리가 팔딱팔딱 움직이는 것을 발견하고서부터는 전기와 생체(生休) 사이에 어떤 관계가 있다는 사실을 누구나 생각하게 되었다. 그와 같은 경험에서부터 전파가 발견되었을 때, 효율적으로 전파를 수신하면 생체효과가 없을까 하고 조사한 적이 있었다. 그 후의 생리학적 연구로부터 우리 생물은 체내를 흐르는 미약한 전류나 이온화한 물질의 전기화학작용으로 제어되고 있다는 사실이 밝혀졌다.

우리 신체의 외부에서 이용되고 있는 인공적인 전기나 전파가 체내로 들어갔을 때 우리 생활에는 어떤 영향이 나타날까.

: 전파와 생체에 얽힌 소문

전파가 발견되고, 눈부신 속도로 전파장치가 실용화되었다. 이 동안에 전파기술자들 사이에서 생명의 이상이 보고된 적은 한 번도 없었다. 같은 전자파라도 x선은 몸에 해로우나 전파는 해를 주지 않는다는 것이 당시의 정설(定說)이었다. 그러나 우리가 전파를 이용하는 추세는 자꾸만 증가하고 있다. 고압 송전선, 마이크로파 중계, 레이더, 교통관제, 방송, 이동무선, 시민밴드 CB 통신, 전자레인지 등등 헤아릴 수 없이 많다. 인공전파의 양은 원시시대에 인류가 쬐고 있던 자연전파의 수억 배에 이르고 있다고 한다. 전파가 신체와 아무래도 어떤 관계가 있을 것 같다는 소문이 나돌기 시작한 것은 제2차 세계대전 전후부터이다. 당시 고성능 레이더를 개발하는 기술자나 그것을 이용하는 군 관계 기술자들은 강력한 마이크로파 전파에 완전히 몸을 드러내놓고 있었다.

이들 사이에서 떠도는 소문에 따르면 안구의 통증, 두통, 현기증 등 피로하기 쉬워진다는 증세에서부터 혈압 이상을 가리키는 귀울림, 가슴의 두근거림, 숨이 차고 기억력이 감퇴하며 수면 부족, 사기 저하, 탈모, 심지어는 출산하는 아기의 성별이 딸아이가 많아진다는 등등 어느 것을 믿어야 할지 어리둥절할 판국이었다.

이와 같은 소문을 과학적으로 뒷받침할 만한 데이터가 당시에는 아무것도 발견되지 않았다. 그 이유는 그것들이 사실무근의 헛소문이었는지 아니면 전파를 정확하게 측정할 장치가 없어서였는지, 어쨌든 전파효과를 찾아낼 의학적인 방법이 없었기 때문이라고 생각되고 있다.

3. 대전력 마이크로파는 위험

: 마이크로파의 열 장애

전파 속에 물체를 두면 가열된다. 이 전파의 가열 작용은 주파수로 생각할 때 1~3GHz의 마이크로파의 전파에서 가장 두드러지게 나타난다. 마이크로파를 한군데에 집중시키면 전자레인지가 만들어진다.

대전력 마이크로파를 쬐면 날달걀은 반숙이 되고 완전히 익어 버린다. 이 변화는 열에 의한 한 방향으로의 반응이다. 결코 삶은 달걀이 날달걀로 되는 경우는 없다. 우리 인간들이라 한들 한마디로 말하면 고깃덩어리에 지나지 않는다. 강력한 마이크로파 속에서는 잠시도 지탱하지 못한다. 그러면 여기서 인간에게 마이크로파가 쬐어진 경우를 생각해 보자. 우리 신체는 부분적으로 가열되어 온도가 상승하더라도 우리에게는 혈액 순환이라는 자연의 열교환기가 있다. 그러므로 원칙적으로는 걱정할 일이 못된다. 그러나 혈관이 적은 부위에 전파를 쬐면 얘기가 달라진다. 이와 같은 곳은 눈의 수정체와 망막, 남성의 고환(불알)이다.

강력한 적외선을 눈에 쬐이면 백내장이 된다는 것은 예로부터 알려져 있었다. 그래서 전파 가운데서 적외선에 가까운 마이크로파를 눈에 쬐이면 백내장이 일어나리라는 것을 쉽게 상상할 수 있다. 현재는 전력이 $1cm^2$당 150㎽ 이상의 마이크로파를 장시간 동안 쬐이게 되면 백내장이 된다는 사실이 알려져 있다. 마이크로파를 쬐이고 구운 생선 눈처럼 되면 큰일이다.

고환의 경우는 어떨까. $1cm^2$당 50㎽ 이상의 마이크로파를 쬐이게 되면 퇴행현상(退行現象)이 일어난다고 한다. 애당초 온도가 낮은 곳에 위치하는 고환인 만큼 열은 대적이다. 마이크로파의 열 흡수는 구체(球休)에 있어서 두드러진다고 한다. 마이크로파를 쬐어 소중한 고환이 반숙이 되어 버린다면 큰일이 아닌가.

망막이 열 때문에 마치 구워놓은 김처럼 바삭바삭하게 되어버려도 큰일이다.

이와 같은 마이크로파의 열 장애를 방지하기 위해 전파의 기준, 최대 허용 전력량이 이미 설정되어 있다. 미국에서는 10㎒~100GHz의 전파에 대해서는 6분 이상이면 $1cm^2$당 10㎽·H 이하로, 6분 이하일 때는 $1cm^2$당 1㎽·H 이하로 쬐이는 양을 제한하고 있다.

영국에서는 30㎒~30GHz의 전파에 대해서는 8시간까지라면 $1cm^2$당 10㎽·H 이하로 규정해 놓고 있다. 이들 값은 어디까지나 가늠일 뿐, 이 값의 10배를 초과하게 되면 위험하고 1/10 이하이면 안전하다고, 즉 열 장애가 일어나지 않을 정도의 것이라고 알아두는 것이 좋으리라 생각된다.

인간 이외에서는 이 기준값이 달라진다. 야채 밭에 마이크로파를 쬐어서 야채와 잡초의 발아율의 차이를 이용하여 잡초를 구제(驅除)하고 있기도 하다.

: 전자레인지

1960년대 후반에 미국에서 전파 생체효과를 원인으로 일대 소동이 벌어졌었다. 전자레인지에서 전파가 누설하는 결함 상품이 나돌았기 때문이다.

전자레인지는 가정에서 일반 사람들이 사용하는 마이크로파 가열 조리기인 만큼 더 문제가 된다. 그 후의 개량으로 레인지 밖으로는 불필요한 마이크로파의 조사(照射)가 일어나지 못하게 이중, 삼중으로 안전장치가 부착되었다. 아이들에게는 전자레인지를 들여다보지 않게 미리 잘 가르쳐두고 또 내부를 들여다볼 때는 적어도 팔꿈치 길이만큼 떨어져서 보는 것이 좋다고 한다.

4. 미소전력 전파는 안전한가

: 전파 비열(□□) 장애

대전력 마이크로파에서는 분명히 열장애가 일어난다. 그러나 미소한 전력의 마이크로파에서는 장시간을 쬐어도 열장애가 일어나지 않는다. 그러나 열장애가 절대로 일어나지 않을 만한 미소전력 전파를 극히 장시 간에 걸쳐 쬐었을 때도 아무 탈이 없을까. 우리의 몸은 미약전류와 이온 화한 물질에 지배되고 있다.

여기서 공산권에서의 전파 기준에 대해 언급해 보자. 공산권에서는 전파의 최대 허용 전력이 미국과는 엄청나게 낮은 값으로 아주 세밀하게 규정되어 있다. 그것은 300㎒~30GHz에서는 하루 종일 쬐일 때는 1㎝²당 0.01㎽ 이하이고, 2시간까지라면 0.1㎽ 이하, 10~20분 정도라면 1㎽ 이하로 규정되고 있다. 미국과 공산권의 값의 차이는 무엇을 말하는 것일까.

동유럽에서의 연구에 따르면 전파의 조사(照射)에 의해서 고혈압과 심장발작 등 또 신경피로와 성적부전(性的不全)이 일어나는 것 같다고 말하고 있다. 이들의 연구 결과가 기준을 정했을 때 참고가 되었을 것이다. 그런데 기껏해야 이런 미약한 전력의 전파로써 어떤 비열장애(非熱障碍)가 발생한다는 식으로 사태를 심각하게 생각할 필요가 있을까. 그것과 관련하여 괴상한 사건이 모스크바의 미국 대사관에서 일어났다.

: 모스크바 시그널

1963년 이래 모스크바에 있는 미국 대사관에는 길 건너 빌딩으로부터 나중에 '모스크바 시그널'로 불린 괴전파가 발사되고 있었다. 대사관원들은 일상적인 대화 내용이나 전화 등의 도청을 방지할 목적으로 관내를 샅샅이 점검했을 때부터 이 사실을 알아채고 있었다. 그들은 도청을 위한 특수한 전파이거나 아니면 미국 본국과의 직접 통신을 방해하려는 전파이거니 하고 단순히 생각하고 있었다. 그런데 이 전파는 여러 주파수에 걸친 불규칙한 신호여서 아무리 봐도 통신 방해를 목적으로 하는 전파는 아니라는 것을 알았다. 그래서 도달한 결론이 전파 생체효과였다.

이 모스크바 시그널로 미국 대사관원의 사기를 떨어뜨리려 노린 것이라느니, 중추신경에 작용시켜 세뇌 공작을 하고 있다느니, 전파와 방사능은 같은 무리(?)이므로 장시간에 걸친 조사(照射)로 백혈병의 발생을 노린 것이라느니 하여 갖가지 소문이 퍼졌다. 그 후 미국의 기준인 1㎠당 19MW보다도 작은 전력의 모스크바 시그널을 재현하여 원숭이에게 장시간 동안 쬐어본 결과, 진위는 어쨌든 간에 신경계통과 면역(免疫)계통에 이상이

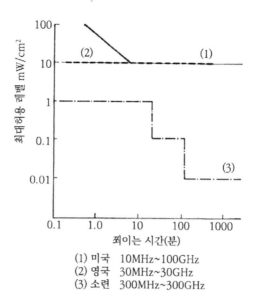

〈그림 10-2〉 이온화 효과가 생기지 않는 마이크로파 전력의 인체에 대한 최대
허용량: 각국의 허용 레벨에는 상당한 차이가 있다

생겼다고 한다. 미국 대사관에서는 건물 전체를 알루미늄으로 덮어씌우
고 외부로부터의 전파를 차단시켰다.

　1979년에 이 문제의 모스크바 시그널의 조사(照射)가 갑자기 멈췄다.

: 새와 레이더 전파

　새는 제트기의 대적이다. 새가 어쩌다가 제트 엔진 속으로 빨려 들어가 폭발, 추락이라는 사고라도 일어난다면 큰 문제이다. 그런 이유로 공항 관계자들은 새들의 행동에 비상한 주의를 기울이고 있다.

비행장에서는 항공관제를 위해 레이더를 사용한다. 그래서 레이더 전파와 새와의 야릇한 관계는 일찍부터 알려져 있었다. 새는 레이더에서 멀리 떨어진 곳을 날고 있다. 그래서 레이더 전파를 받은 새가 비정상적인 비상(飛翔)방법을 하게 되는 이상행동은 전파의 열작용, 즉 새의 어느 조직이나 기관이 전파에 의해 가열된 전파로 일어났으리라고는 생각되지 않는다. 그래서 전파의 열 효과 이외의 어떤 작용, 즉 전파의 비(非)열적인 효과일 것이라고 말하고 있었다. 현재는 레이더 전파에 의해 새의 날개에서 일어나는 압전현상(壓電現象)의 일종인 피에조효과(piezo electric effect)가 새의 생리현상에 영향을 주고 있는 것이라는 까다로운 결론에 이르고 있다. 이 새를 통한 결과로 보더라도 분명하듯이 비열장애는 레이더와 같은 펄스전파로써 일어나고 있는 것 같다.

: 페이스 메이커

펄스전파에서는 우리에게 직접적인 영향을 주는 경우가 있다. 심장에 정확한 박동(博動) 리듬을 전기로 보내주는 의료기기에 페이스 메이커(pace maker)가 있다. 이것의 혜택으로 수많은 사람이 죽음에서 벗어나 풍요로운 사회생활을 누리고 있다. 그런데 이 페이스 메이커를 몸에 부착한 기술자가 텔레비전의 송신안테나에 올라갔다가 난데없이 부정맥(不整脈)이 되었다는 얘기가 미국에 있었다.

텔레비전의 송신안테나로부터 복사되는 전력은 정확하게 정해져 있다. 안테나 가까이에 있는 전파의 분포도 정확하게 측정할 수 있다. 이 기술자가 이상을 느꼈던 장소는 전력으로 생각할 때 열 장애가 일어날 만한 곳이 아니었다. 또 텔레비전 전파의 초단파는 마이크로파에 비해 가열작용이 약하다는 사실도 알려져 있다.

우리 인간은 나이와 더불어 맥박수가 조금씩 감소해간다. 그래서 페이스 메이커도 신형의 것은 일일이 수술을 해서 페이스 메이커를 몸 밖으로 끄집어내어 조절하지 않아도 되게끔, 체외로부터 특수한 전자파를 쬐어서 박동수를 조절할 수 있게 되어 있다. 이렇게 말하면 "아! 미국에서의 사건도 그것이었구나" 하고 이해가 될 것이다. 텔레비전 전파 속에 반복하여 존재하는 펄스형 전파가 페이스 메이커에 작용하여 이런 일이 발생했던 것이다.

5. 또 다른 갖가지 소문

: 라디오 인간

미국에서는 레이더의 전파가 들린다고 말하는 사람이 수없이 많이 보고 되고 있다. 레이더 안테나 앞에 서면 레이더의 펄스에 맞추어 찍찍하는 소리가 들린다고 한다. 들리는 전파의 주파수는 300㎒~3㎓에까지 이르고 있다. 이런 사람들은 라디오 방송국의 송신안테나로부터 50m 이내에 들어서면 송신기에 전파를 넣었을 때나 끊었을 때 깔깔, 쉿쉿, 똑딱똑딱하는 소리가 후두부에서 느껴진다고 한다. 그리고 더 민감한 사람은 전파로부터 직접 음성이 들린다고도 한다. 흔히 텔레파시(telepathy)는 후두부에서 느껴진다는 이야기가 있다. 이것도 근거 없는 얘기라고 전적으로 무시해버리기에는 좀 마음에 걸린다. 수신기도 없는데 어째서 전파가 직접 들릴까.

전파생체효과를 연구하는 전문가에 따르면 펄스전파가 귓속의 조직에 미치는 복잡한 열탄성효과(熱彈性效果)라고 하는 결과로 생기는 진동을 감지하고 있는 것이라고 한다. 더욱 놀랍게도 우리 인간이라면 누구나가 폭 1~30마이크로초(1μ·sec=100만분의 1초)의 펄스에서 첨단전력(尖端電力)이 1㎠당 1~40W, 평균전력이 1㎠당 0.1MW의 전파라면 들을 수가 있다고 한다. 그러면 새들의 세계를 살펴보자. 비둘기가 어째서 야간에도 장거리를 날아갈 수 있느냐는 의문에 대해 최근에 비둘기의 머리 일부에 자석과 같은 작용을 하는 조직이 있다는 사실이 생물학자에 의해 발견되었다. 또 벌의 유충은 자기력의 변화에 민감하다는 사실도 알려졌다. 인간의 귓속에는 아직도 우리가 알지 못하는 현상이 있더라도 이상할 것이 없을 것이다.

이유는 어쨌든 간에 이 전파가 들린다는 현상은 귀가 들리지 않는 사람들에게 정보를 전달할 수 있는 수단이 될 수 있지 않을까 하고 주목하고 있다. 거슬려서 잠도 못 잘 정도로 전파 소리가 들려서 철모를 뒤집어쓰고 자는 사람의 얘기가 이따금 소년 잡지에 소개되기도 한다. 전파 생체효과의 연구가 진행되면 이와 같은 현상도 밝혀질지도 모른다.

: 정전계, 정자계

정전계와 정자계는 모두 생물의 성장과 관계가 있는 것 같다고 말한다. 20세기 초의 이야기이다. 여름이 짧은 핀란드에서 고전압을 가한 두 개의 전극 사이에서 식물을 재배하는 실험을 했었다. 이 실험에서는 적당한 전계 속에서는 식물의 성장이 촉진되었다고 한다.

강한 전계 속에서 물을 끓이면 물이 빨리 끓는다고 한다. 전계 속에서는 물의 끓는점이 낮아져서 마치 높은 산에서 물을 끓이는 것과 같은 상태가 되기 때문이라고 일단은 설명되고 있다. 그러나 이 현상은 아직 완전히는 해명되지 못하고 있다.

또 우리 인간은 태곳적부터 지구자계 속에서 생활해 왔고 그 혜택을 입어왔다. 자석은 조직의 혈액순환을 좋게 하는 것이라 하여 예로부터 이용되어 왔다. 그것의 의학적인 효과도 현재는 밝혀지고 있다. 그러나 필요 이상으로 강력한 자계 속에서의 영향에 대해서는 아직도 잘 모르고 있다. 강한 자계 속에서는 물고기와 같은 작은 동물의 성장이 더뎌진다는 사실도 알려져 있다. 이 현상은 자계가 직접적으로 작용하는 것은 아닌 것 같다. 자계의 세기와 물속에 녹아 있는 산소량과의 사이에 어떤 관계가 있는 것 같다고 말하고 있다.

미래의 철도라고 일컫는 리니어 모터카(linear motorcar)는 열차 전체를 강력한 자계로 부상시켜 달려간다. 부상을 위한 강력한 자계가 승객의 전자장치나 시계 등에 미치는 효과와 우리 인체의 순환계에 미치는 영향 등을 고려하지 않으면 안 된다. 자기 차폐(magnetic shild)의 연구는 앞으로의 과제다.

: ELF

극초장파(extreme long frequency, ELF)란 전파 중에서도 가장 파장이 긴 전파이다. 송전선을 전도하는 50~60Hz의 전기도 극초장파의 일종이라고 말할 수 없는 것은 아니다.

전기는 발전소에서 도시까지 송전선으로써 운반되고 있다. 송전선은 극단적으로 말하면 전열기의 니크롬선을 연장해 놓은 것과 같다. 전기는 도시로 운반되기까지 그 일부는 쓸데없는 열에너지로 바뀐다. 이 열 손실은 전송 전압을 높일수록 적어진다는 사실이 알려져 있다. 그래서 100만 V를 넘는 초고압 송전 UHV(ultra high voltage)를 세계 각국에서 연구하고 있다. 에너지 절약시대의 필연적인 착상이다.

미국과 캐나다에서는 벌써 75만V의 초고압 송전선이 실용화되어 있다. 이와 같은 초고압 송전선 바로 밑에서는 전계가 지극히 강력하여 손에 쥔 형광등에서 빛을 내고, 트랙터에 손을 대면 불꽃이 튕기는 일이 있다고 한다. 이런 곳에서는 강전계 그 자체 또는 그것에 부수되는 이온의 효과가 생물체에 미치는 영향이 마음에 걸린다. 전문가들은 작은 동물이나 식물의 성장상황을 여러모로 관찰하고 있다. 또 인간에 대해서는 두통, 구토증이나 부정맥, 혈압 이상과 정력감퇴, 사고능력의 저하, 혈액 속 중성지방의 증가 등이 있지 않을까 하고 있다. 공산권의 초고압 변전소에서는 1m당 5kV를 초과하는 강전계 속에서의 작업시간을 규정해야 할 것이라는 생각인 것 같다.

초고압 송전은 습기가 많은 곳에서는 대기로의 방전이 전송 손실을 가져오기 때문에 실용이 가능할지 현재로서는 의문이다. 그래서 일본에서는 땅속에다 전력 케이블을 매설하여 대전력 직류송전을 하는 방법을 고려하고 있다. 지하 케이블에서는 지상에 영향을 미치는 경우는 우선 없다.

또 핵공격에 대비한 미국에서는 극초장파를 이용하는 생-인(sang-in)

이라 불리는 큰 계획이 있었다. 송전 전력이 무려 30MW나 되는 초장파의 대형 안테나를 4,000km²의 땅에 매설하고 일조 유사시에는 바닷속의 핵잠수함과 연락을 취하려는 계획이다. 이 계획에 앞서 실시한 극초장파의 예비실험에서는 개가 고혈압 증세를 나타내고 오리가 평형감각을 잃었다고 한다. 또 체내에 자석을 지니고 있는 듯한 철새가 이 실험국 근처를 날아갈 때는 그 비상 방향이 약간 빗나갔다고도 한다. 그런 일로 하여 이 대계획은 중지되고 말았다.

: UFO의 생체효과

사실인지의 여부는 접어두고 얘기나 한번 들어보자. UFO에 아주 가까이 접근하여 관찰했다는 체험자들은 전기충격, 화상, 신경의 일시적인 마비 등을 체험했다고 주장하고 있다. 또 두통과 구토증, 현기증, 복통과 설사를 호소한 사람도 있다.

UFO는 전자기적인 원리로 비행하고 있는 것일까.

: 바람직한 태도

전파의 비열적(非熱的)인 효과는 현미경적 차원에서 유전자, 씨눈(胚)에 이르기까지 연구가 진행되고 있다.

생체반응에 중요한 콜로이드액에 강한 전계를 가하면 콜로이드입자가 전계의 방향을 따라가며 한 줄로 배열하는 팔체인 효과나 대칭(對稱)이 아닌 물체가 축을 가지런히 하여 배열하는 배향효과(配向效果) 또는 지향효과(指向效果) 등이 실제로 생체 안에서 일어나고 있는지 어떤지 여러 가지로 논의되고 있다.

전파의 생체에 미치는 효과를 생각할 때 세부까지 캐고 들어가 보면 전파는 아직도 정체를 알 수 없는 것이라는 인상이 한층 더 깊어진다. 전파는 생체에 위험하다느니 안전하다느니 하고 논란을 벌일 성질의 것이 아니다. 전파현상을 올바르게 관찰하는 일이야말로 우리에게 요구되고 있는 일이다. 전파의 사용방법에 잘못된 점이 있다면 그것은 바로 잡으면 되는 것이다.

전파는 X선과는 달리 그것이 지니는 전자기에너지의 양도 적고 조금도 두려워할 것이 못된다. 우리 조상들은 자연전파에 늘 드러난 채로 생활해 왔다. 그러므로 우리는 전파에 대해서는 면역이랄까, 전파에 강한 신체를 가지고 있다.

그러나 인간적이고 정상적인 이용방법을 벗어나서 전파를 특수하게 사용하게 된다면 해를 입게 될지도 모른다. 그래서 그때만 안전하게 사용하기 위한 기준을 설정하고 그것을 지켜나가면 되는 것이다.

감기약에 대해 생각해 보자. 소량으로는 전혀 효험이 없다. 적량이라면 효험이 있고 지나치게 복용하면 다른 부분까지도 도리어 다치게 된다. 또 약의 효험에는 개인차가 있다.

전파의 생체효과에도 개인차가 있을 것이다. 여러 가지 소문으로서 보고 되고 있는 생체효과는 전파에 과민한 사람들에 대한 이야기일 것이다. 전파를 쬐어 건강하다는 사람이 있다고 해서 이상할 것도 없다. 극단적인 예를 들어 걱정하거나, 극단적인 예라 하여 안심하거나 하는 것은 올바른 과학적 태도라고 할 수 없다.

전파의 생체효과는 현대의 새로운 문제로 전기와 의학의 양면에서 밝히고 있다. 여러 가지 새로운 사실이 발견되는 날이 멀지 않을 것이다.

최근에 와서 인체는 70㎒ 부근의 전파나 300㎒ 부근의 전파에 공진한다는 사실이 알려졌다. 미국에서는 이 점을 고려하여 인체에 대한 전파 허용량에 대해서도 제3절에서 언급한 것보다 더 엄격한 조건으로 변경했다고 한다.

도서목록
– 현대과학신서 –

도서목록
- BLUE BACKS -

258